흐르는 강물 따라

자연과 인간 3

흐르는 강물 따라

서울대 이도원 교수의 생태 에세이 … 상

이도원 지음

사이언스 북스

그래도 마음은 산으로

『떠도는 생태학』을 처음 세상에 내놓은 지 벌써 6년이 지났다. 그동안 여러 가지 많은 변화가 있었다. 무엇보다 이제는 처음 이 글을 쓰며 기대했던 대로 공부의 방향도 어느 정도 정리가 되었다. 3년 전에는 그동안 쌓인 자료를 묶어 『경관생태학』이라는 제목의 전공서를 냈다. 이 과정에서 우리 고유의 생태학에 대한 관심을 키우게 되어 몇몇 분들과 함께 '전통생태학'이라는 원고를 준비했고, 또한 서울대학교의 지원으로 자료를 더욱 발굴하여 단독 저서를 한 권 내어 보기도 했다.

생태학 분야에서도 당연히 주목할 만한 변화가 있었다. 경관생태학과 보존생태학, 복원생태학, 지구생태학 등의 연구가 활발하게 진행되어 새로운 사실들이 발표되었다. 교양 서적에 가까운 유진 오덤(Eugene P. Odum) 선생님의 『생태학』에도 이런 내용이 대폭 보충되었고, 한국어 판을 냈던 출판사의 요청에 따라 이태 전에는 개정판을 내기도 했다. 2002년 8월 서울에서 열렸던 세계생태학대회를 준비하며 1년 동안 『한국의 생태학(Ecology of Korea)』이라는 영문 서적의 편집 책임을 맡았고, 우리나라의 생태학 수준을 다른 나라에 알리는 기회를 가졌다. 이 경험을 통해 더욱 다양한 생태학 분야의 학자들과 인연을 가지게 되었다.

몸에도 삶의 한 마디를 지나가는 중요한 변화가 생겼다. 거의 50년 가까이 1.5 이상을 유지하던 시력이 원시로 바뀌었다. 먼 곳을 보면 문제가 없으나 글을 쓴다고 한나절 동안 컴퓨터 앞에 앉아 있으면 시야가 흐려진다. 단순한 변화이기는 하지만 이는 내 삶을 크게 바꾸어 놓았다. 그야말로 이제는 멀리 보라는 자연의 섭리로 받아들이고, 연구실보다는 그동안 보지 못했던 세계 속으로 더 많은 여행을 떠나는 삶으로 그러한 신체 변화와 절충하게 되었다.

공부를 해 오던 학생들에게도 여러 가지 변화가 있었다. 연구실에서 네 명의 학생이 박사 학위를 받아 둘은 미국으로, 둘은 기업으로 자신들의 길을 찾아 떠났다. 그들은 하천변생태학, 숲공간생태학, 유역수문학이라고 할 수 있는 분야의 논문을 준비함으로써 지도 교수인 내게 비교적 새로운 영역의 공부를 접할 수 있는 기회를 제공해 주었다. 그리고 몸담고 있는 서울대학교 환경대학원의 특이한 학제 때문에 수십 명의 학생이 석사 학위 논문의 지도 교수 난에 내 이름을 올려 놓았다. 여기서 많은 숫자는 결코 자랑이 아닌 생태학의 현주소이다. 이들은 원격 탐사 자료와 지리 정보 시스템 기법 그리고 어려운 수학과 컴퓨터 모형을 이용하는 방법을 연구에 끌어넣어 나를 힘들게 한 만큼 생태학 분야의 새로운 학문 조류를 실감케 했다.

내가 몸담고 있는 이 땅과 학문 세계에서도 새로운 경험과 변화가 있어 전에 썼던 글들 중 일부 내용의 수정이 불가피했다. 이 책을 통해 나는 쉽게 고쳐지지 않고 있는 관행에 대해 다시 한번 생태학적 주장을 펼칠 것이다. 가령 지난 2000년에는 동해안 일대에 대형 산불이 발생했다. 이는 1996년에 강원도 고성에서 경험했던 것보다 훨씬 큰 규모였고, 생태학자와 숲을 이용하거나 연구하는 업무에 종사하는 사람들이 서로 상반되는 대책을 주장하여 논란이 있었다. 그러나 산불과 관련된 생태학적 대응 방식으로 1997년에 가졌던 내 전망이 여전히 유효하다고 본다. 또한 2002년 여름 낙동강 주변과 동해안 일대에 일어난 대형 홍수 피해와 무관하지 않은 관행적인 하천 관리 방식도 바꾸어야 하며, 그와 관련하여 6년 전에 했던 내 주장 또한 설득력이 있다.

한편 임업연구원에서 4개의 숲에 장기 생태 연구지를 설정했다. 1997년에 18개였던 미국의 장기 생태 연구지는 24개로 늘어났다. 특이하게도 미국은 메릴랜드 주의 볼티모어와 애리조나 주의 피닉스라는 두 개의 도시를 생태계로 규정하고 연구 대상지에 포함시켰다. 중국은 2003년 현재 북경을 포함하는 36개 지역을 공식적인 장기 생태 연구지로 선언하고 있다. 그동안 생태학의 대상으로 보지 않았던 도시가 생태계라는 이름을 달고 장기 생태 연구 대상으로 된 것은 관련 학문 분야의 새로운 흐름을 예고한다.

교토 회의 이후 지토스(GTOS), 모디스(MODIS), 빅풋(Big Foot), 플럭스(Flux) 등 매우 생소한 말들이, 생태학계와 대기과학계가 공동으로 추진하는 연구 분야에서는 일상적으로 사용하는 단어가 되었다. 이 모두가 지구 환경 변화를 큰 규모와 긴 안목에서 바라보기 위해 어쩔 수 없이 사용해야 하는 말이 되었다.

이제 크고 길게 보는 시각이 강조된다. 사람을 생태계의 구성 요소로 보지 않고는 환경 문제를 해결할 수 없고, 생태학이 가야 할 새로운 길을 찾기 어렵다. 자연을 들여다보고 진단은 할 수 있어도 사람을 고려하지 않고는 제대로 된 처방을 내리기 어렵다. 왜냐하면 문제를 일으키는 장본인은 사람이기 때문이다.

1993년 봄부터 우리 연구실에서 아슬아슬하게 이어가고 있는 점봉산 장기 연구는 계속되어, 그동안 외국의 학술지에 몇 편의 논문으로 소개된 바 있다. 그 산은 이제 내 심신의 건강과 영감의 근원이며, 내가 지금의 자리에까지 오게 되고 또 계속해서 버티어 나가게 하는 정신적·학문적 주춧돌이기도 하다. 지난 몇 년 동안 무슨 까닭인지 내가 감당하기 어려울 정도로 많은 연구 과제가 맡겨졌으나 그것들을 무사히 감당해 낸 것은 모두 학생들과 함께 점봉산 연구에서 닦은 훈련 덕분이었다.

경관생태학을 소개한 탓인지 그와 관련된 실용적인 과제가 지방 자치 단체와 연구소를 통해서 맡겨지는 한편, 점봉산 연구를 확장하는 과제도 덧붙여졌다. 경기도 포천에 있는 광릉 숲의 탄소 순환 관련 과제는 새로운 분야의 전문가들을 만나는 인연으로 이어졌다. 이런 중에도 내 마음은 여전히 산에 대한 향수를 안고 있다. 인간 세계에서 부대낀 마음을 달래 주는 곳은 역시 자연이고, 산이기 때문이다. 산은 내가 아량을 배우고 깊은 사고와 영감을 얻을 수 있는 최고의 장소이다.

산과 사람에 대한 생각만큼 내가 품고 있던 생태학에 대한 이해도 제법 많이 달라졌다. 이 달라짐이 반드시 좋은 것은 아니겠으나 내 자신은 그런 변화를 긍정적으로 본다. 감당하기 어려운 이러한 변화 때문에 힘들 때도 있다. 그러나 바람직한 개혁을 위해 겪어야 할 수순으로 이해하고 즐거운 마음으로 받아들이고자 한다. 어느 학문도 변화를 시도하는 몸부림 없이 한 단계 높은 위계 수준으로 올라설 수 없기 때문이다.

지난 6년 동안의 변화를 담은 이 새로운 책에는 이곳저곳 돌아다니며 찍은 사진들을 많이 삽입했다. 사진에 대한 공부를 따로 하지 않았지만 생태학 공부가 늘어나면서 눈에 보이는 현상들에 대해 새로운 의미를 부여할 수 있었고, 그 현상들을 놓칠 수 없어 그냥 필름에 담아 놓은 정도다. 따라서 작품성은 거의 없으나 그 의미는 글보다 훨씬 진하다.

새로운 책을 내기까지는 또다시 많은 분들의 은덕이 있어야 했다. 이 글에 추가된 내용은 한국과학재단과 서울대학교의 간접 연구 경비 지원으로 발굴된 자료들임을 밝혀 둔다. 유동탑과 탄소 순환에 대한 일부 글은 환경부가 지원하는 '에코테크노피아 21 연구과제'에 참여하면서 얻은 내용이다. 많은 원고 수정 작업이 진행되었던 2002년 여름, 미국 몬태나 대학교 산림 대학으로 나를 초청하여 잠자리와 연구실을 마련해 준 강신규 박사와 조영이 씨, 그리고 스티븐 러닝 교수에게 감사한다.

그해 여름에는 또 서울대학교와 오리건 대학교가 주관한 환태평양 지역 연합대학의 환경 관련 모임에서 책임을 맡아 미국 오리건 주의 유진에 갈 기회가 있었다. 그곳에서 미국의 저명한 생태학자 유진 오덤 선생님의 별세 소식을 들었다. 그러기 바로 3주일 전 몬태나 대학교에 머물 당시에는 조지아 대학교에서 온 학자와 오덤 선생님에 대해 얘기를 나눈 적이 있었다. 그분은 여전히 누군가 발표를 할 때, 이전에는 저렇게 말했는데 이번에는 다른 얘기를 하니 왜 그러냐는 질문을 할 정도로 기억력이 좋으시다는 근황을 전해 주었다. 그런데 역시 세월 앞에는 장사가 없는가 보다. 오덤 선생님은 그해(2002년) 8월 10일 당신이 좋아하시던 곳에서 정원 가꾸기를 하시다 돌아가셨다고 한다. 아마 돌아가시기 직전까지 그곳에서 무언가 관찰을 하셨던 것으로 짐작된다. 1980년대 말 조지아 대학교 생태학연구소 뒤뜰에서 자주 혼자 서성이며 채집용 비닐봉지를 들고 계셨던 당신의 모습이 떠오른다. 일부 졸업생들은 그분에 대한 내 특별한 마음을 알고 따로 위로의 글을 보내오기도 했다. 슬프지만 우리나라

연세로 꼭 90이 되셨으니 가실 때도 되었다. 삼가 명복을 빈다.

사진이나 그림, 기타 참고 자료를 제공해 주신 다음 분들과 관련 기관에 감사한다.(괄호 안은 기본적으로 사진을 가리키며, 다른 자료의 경우 '그림', '지도' 등의 설명을 붙였다.) 권영상(점봉산 양수댐 부근 영상), 김구연(우포늪), 김재훈(하천 경사 그림; 곤지암과 점봉산, 대관령 부근과 대만, 미국, 중국의 장기 생태 지역 지도), 김정하(유진 오덤과 한국의 생태학자), 남준기(무덤 짚뿌리기), 박지혜(스웨덴 숲), 박찬열(교토 부근 생울타리; 섬의 물새 떼), 백명수(동경 도시공원), 성동환(하회마을 만송정), 신용만(춤항), 유지완(보길도 해안숲; 대숲과 바람길 그리고 논둑콩 그림), 이강웅(질소 침적 자료), 이규송(산불 지역), 이영숙(꾀꼬랑나무), 이윤선(장산숲과 마을숲 위치도), 이지은(나무와 유역 그림), 이헌희(양수댐), 임종환(유동탑), 전영우(헐벗은 산), 정은화(논둑콩), 조도순(용늪; 폐광 지역), 최정권(어부림), 최중기(아콩카과 산행), 하세가와 키요(소양호), 규장각(「준천시사열무도」), 국립중앙도서관(정주 고지도; 겸재 피금정 그림), 국립중앙박물관(「평안감사향연도」), 국제 장기 생태 연구망(대만과 미국의 장기 생태 연구지 분포 자료), Warren Cohen(빅풋 그림), Shidong Zhao(중국 장기 생태 연구지 분포 자료)

마지막으로 번잡한 원고를 책으로 만들기 위해 기획과 편집으로 많은 고생을 한 사이언스북스와 박원순 씨, 그리고 삽화를 일일이 그리느라고 긴 시간을 보낸 유지원 씨의 노고에 감사한다.

2004년 4월
이도원

차례

그래도 마음은 산으로 … 4

1부 | 물과 땅 그리고 삶

글을 시작하며 … 16
따로 보기 1 삶의 학문 생태학 … 21
흐름 속의 삶 … 27
따로 보기 2 생활 속의 생태학 … 30
노곡천의 시궁창 … 34
땅거죽의 상처 … 38
따로 보기 3 학문 선택과 정보 농도 … 46
땅과 물은 한 통속이다 … 49
따로 보기 4 생태계 수준의 진화는 가능한가? … 55
어우러진 풀과 나무 … 62
따로 보기 5 선택과 세계화 … 71

2부 | 물가에 서서

흐르는 강물 따라 … 74
강터와 갯벌 … 82
미나리와 미꾸라지의 함께 살기 … 87
웅덩이 생태학 … 91
물이 얕게 머무는 땅, 습지 … 94
따로 보기 6 생태공학 … 101

따로 보기 7 논을 더욱 습지답게 하자면	102
강터의 수풀	104
뭍으로 가는 길	109
식생 완충대를 만나다	111
강가에서 밀려난 지혜	120
또 다른 식생 완충대	125
마을숲의 추억	129
따로 보기 8 반가워라, 옛 지도 속의 마을숲	134
마을숲을 찾아서	136
마을숲이 주는 혜택	142
따로 보기 9 흐름과 순환	148

3부 | 땅에서 바라보고

낙엽은 자원이다	152
따로 보기 10 환경 문제와 물질 순환	157
봄에 지는 낙엽	161
따로 보기 11 썩지 않는 낙엽	165
조릿대와 낙엽	171
관중	174
암벽 위의 잡풀	179
다시 점봉산에서	183
따로 보기 12 눈 속에서 움튼 꽃봉오리	188
죽은 나무가 하는 일	190
미물인들 하는 일이 없으랴	195
따로 보기 13 육상 생태계와 수중 생태계	199

주(註)	203
참고문헌	217
찾아보기	224

자연과 인간 4

흙에서 흙으로 서울대 이도원 교수의 생태 에세이 _ 하

4부 | 사람들과 함께

도시에 살며	10
따로 보기 14 시골과 더불어 사는 도시	21
불탄 숲과 논둑	23
숲에 닿은 손길	32
따로 보기 15 어른과 아이가 함께 있어야	39
머나먼 이국의 생태	41
따로 보기 16 이 땅의 축산과 환경 문제	52
백두대간 지나온 발길마다	54
조상들의 우리 땅 보기	61
따로 보기 17 문전옥답, 삶으로 익힌 생태 지혜	66
생태학의 새로운 모색	69
따로 보기 18 보존과 보전이라는 용어	81

5부 | 모두를 모아서

생물 따라 흐른다	84
먹이사슬의 밝은 길	90
어두운 흐름	96
물질 순환과 생명 부양계	103
따로 보기 19 가벼워지는 지구	110
따로 보기 20 광합성과 호흡, 생산량의 측정	116
생태계 발달	118

따로 보기 21 젊은 생태계	127
경관생태학으로	130
따로 보기 22 경관은 기억한다	140
선조들의 지혜	142
콩과 식물을 이용한 생태공학	146
따로 보기 23 중국 내몽골 지역의 사막화	150

6부 | 삶으로 가는 생태학

환경 관리를 위한 묶음	154
따로 보기 24 생태계 자치력	172
지나침이 문제로구나	175
따로 보기 25 물이 땅에 주는 보답	185
따로 보기 26 계단 효과에 나타나는 보상 작용	187
더 큰 세상을 그리며	190
따로 보기 27 희망의 생태학	199
신토불이와 세계화	204
따로 보기 28 생태계의 정보	208

주(註)	211
참고문헌	223
찾아보기	231

물과 땅 그리고 삶

세상 모든 것은 흐름이라는 실로 꿰여 있다. 흐름은 물과 땅, 하늘 그리고 생명의 길을 연결한다. 삶의 긴 역사에서 일어나는 유유한 정보의 흐름은 물질과 에너지의 흐름을 바탕으로 깔고 있다. 아웅다웅 사는 우리네 삶들도 따지고 보면 제 뜻대로 이러한 흐름의 방향을 잡으려 힘쓰는 모습일 뿐이다. 그러기에 지혜로운 삶은 이 모든 것이 흘러가는 가락을 제대로 잡는 일이다.

글을 시작하며

나는 언젠가 내 상상을 기반으로 한 편의 서사시를 쓰고 싶은 욕심으로 공부를 시작했다. 지금은 소위 세속적인 학문과 생활에 쫓겨 잠시 잊고 있지만 한때의 내 황당한 상상은 이러했다.

지구상의 생물 활동은 어느 우주인의 실험 과정이 아닐까? 우주인들은 어느 날 자신이 어디서부터 왔는지 의문을 가졌다. 마치 우리가 동식물을 기르고, 미생물을 배양하며 관찰하듯이 그들은 지구라는 실험 장치로 실험을 시작했을지도 모른다. 인간의 시각으로 보면 부질없는 짓일 수도 있지만, 그들의 세계에서는 시간과 에너지, 돈이 문제가 되지 않는다. 그리하여 그들은 지구상에서 진행되고 있는 긴 진화의 과정을 관찰하고 분석하며 기록하고 있다.

언젠가 우주인은 실험을 끝낼 것이다. 어쩌면 인류 문명이 그들의 실험이 시작되었던 당시의 상황에 도달할 때가 바로 실험의 끝일지도 모른다. 하지만 그 시점이 오더라도 다음 방향이 달라질지도 모른다는 의문을 가지면 실험은 계속될 수도 있다. 그러나 실험 산물이며 대상인 인간들이 스스로를 주체하지 못하거나 실험을 하고 있는 자기들에게 덤벼들 정도까지 방치하지는 않을 것이다. 문명의 온갖 잡동사니로 세상이 무질서로 치닫는 경우는 인류가 스스로를 주체할 수 없는 상황이며, 언어

통일, 컴퓨터와 정보 고속도로를 통한 정보 소통의 효율성으로 인류가 고도의 문명을 이룩할 경우는 또 다른 상황이다. 어느 쪽이든 모두 어두운 그림자를 지니고 있지만 후자의 경우 인류가 실험 주체인 우주인과 타협할 여지도 있다.[1]

이러한 상상은 모두 기존의 신화와 기타 다른 이야기들로부터 착상을 얻은 것일지도 모른다. 그리고 이러한 이야기가 한 편의 그럴듯한 서사시로 발전될 가능성도 현재로서는 희박하다. 또한 지구상에 생물이 출현한 시점에서 오늘날까지 오는 과정을 엮을 내용도 나는 아직 충분히 공부하지 못했다. 전체 틀을 어떻게 잡느냐에 따라 이야기는 끝없이 방대하게 펼쳐질 수도 있다. 아마도 내게 주어진 시간과 절충할 수 있는 적당한 틀을 잡는 데만 해도 긴 시간이 필요할 것이다. 그러기에 나는 이제 지난날의 상상을 바탕으로 한 구체적인 서사시를 세상에 내놓을 수 있으리라는 기대는 접어 놓았다. 그러나 언젠가 내 모든 지식을 하나의 커다란 틀 속에 집어넣어 보고 싶은 소망만은 아직 버리지 않았다.

이러한 상상과 희망에 기반을 둔 성향과 한계 때문에 이 글은 비유와 은유투성이다.[2] 한술 더 뜬다면 비유와 은유를 내 학문 영역 밖의 사람들과 말길을 트며 사유의 연장을 도모하는 방편으로 삼고 있다.

그러기에 여기 실린 글의 많은 부분은 분명히 과학적으로 온전하지 않다. 과학적 사실과 문헌에 바탕을 두고 있기는 하지만 사유와 표현 양식은 그러하지 않다. 무엇보다 상상과 추측을 바탕으로 던지는 주장들의 일부에 대해서는 실험적인 검정이 필요하다. 일부 생각은 그러한 검정 과정에서 잘못으로 판정될지도 모른다. 다만 독자들이 이러한 글에 대해 관심과 비판을 아끼지 말아 줄 것을 고대할 뿐이다.

어차피 사람의 생각에는 한계가 있다. 일부 주장은 처음부터 빈틈이 없어야 하고, 일부 주장은 느슨하여 다른 사람들이 건드려 볼 여지가 있어야 한다. 나중에 다시 얘기하겠지만 때로는 소나무의 고고함보다 참나무의 느슨함이 성숙한 사회 구성원이 갖추어야 할 우선적인 덕목일 수도 있다.[3]

> 소나무는 지나치게 우뚝하고 단호하여 근처에
> 다른 수목들이 함께 살기 힘겨워 합니다.
> 없는 듯 있으면서 강한 향기 지닌 정향나무는
> 사람의 마을에 내려와 먼지 속에 살면서도
> 저 있는 곳을 향기롭게 바꿀 줄 압니다.
>
> ——도종환, 「정향나무」, 시집 『슬픔의 뿌리』에서

앞으로 소개할 내용들은 느슨하여 다른 사람들이 시험해 볼 수 있는 여지에 더 비중을 두고 있다. 과학이 과학자의 전유물일 필요도 없으며, 과학적 착상이 연구실 안에서만 일어나야 할 이유도 없다. 과학적 행위가 삶의 일부일진대 일상적인 삶으로 녹아들지 못하면 과학은 영원히 겉돌 수밖에 없다. 무엇보다 내가 얻는 많은 착상들은 일상적인 삶에서 비롯되고, 적어도 내게는 소위 과학적이라는 사실들이 내 삶과 연결되는 것이 흥미롭기만 하다. 이러한 태도는 내 생활에서 일하는 시간과 쉬는 시간의 구분을 어렵게 하는 폐단을 낳기도 하지만 때로는 일이 바로 즐거움으로 연결되는 장점도 있다.

이 책에서 나는 시나 소설의 구절들을 많이 인용했다. 그렇다고

내가 이 책에서 나 자신의 과학과 문학적인 속성을 충분히 융화시켜 표현했다는 뜻은 아니다. 내게 굳이 문학적인 행위가 있다면 한동안 일기를 꼬박꼬박 썼던 정도이기에 '문학적인 속성'이라는 말을 쓰기조차 쑥스럽다. 그러나 나는 언젠가는 그럴 수 있는 때가 오기를 기다리며 혼자서 습작을 하고 있다. 어쩌면 내 모든 행위는 영원한 습작의 연속으로 끝날지도 모르겠다. 그러나 나는 이 책에서 인용한 글들 속의 은유를 통해서 과학적이라고 인정해 줄 만한 착상과 가설, 검정 및 표현 방법의 도출을 즐기고 있는 것만은 사실이다.

흔히 종교와 과학이 얘기를 할 때 서로 자기만의 독자적인 부분을 고집하게 되면 결국엔 돌아서고 만다. 그러고는 '종교를 과학의 잣대로 이해할 수 없다' 또는 그 반대의 결론을 내린다. 이는 끝없이 이어질 조짐을 안고 있는 불안한 논쟁으로 들어가지 않기 위해 선택하는 하나의 길이다.

나는 종교 또는 신화와 과학이 삶의 일부임에도 불구하고, 화해의 길목을 찾지 못하는 이런 모습이 언제까지 계속될지 궁금하다. 그러나 서로 다른 이들 두 세계가 영원히 등을 돌리고 있으리라고 보지는 않는다. 언제가 인간 문화가 충분히 무르익으면 멋지게 조화의 길로 도약하리라는 희망을 항시 품고 있다.

그래도 문학과 과학의 관계는 좀 나은 편인 듯하다. 어쩌면 비교적 쉽게 화해를 할 수 있으리라고 생각된다. 나는 문학이 과학적 발견을 기반으로 상상력을 펼쳐 가는 것은 비교적 일반적인 현상이라고 본다. 새로운 사실들이 과학에 의해 발굴되면 흔히 문학은 그것을 소재로 삼는다는 뜻이다. 분명하지는 않지만 소설가나 시인이 읽어내는 현상을 가설로 삼아 과학적 연구를 진행할 수도 있을 것이다.

과학이 노골적으로 문학에 기반하고 있다고 말하는 경우를 보기는 드물다.⁴⁾ 그러나 비록 과학의 세계가 문학 작품에 포함된 가설이나 개념을 사용하지 않는다 하더라도 어찌 과학자의 사고가 일상의 자기 삶으로부터 벗어날 수 있을까? 과학자가 희한한 생각을 해낼 때 그것은 그의 삶 전체로부터 솟아 나온 것이라고 보면, 문학의 힘을 입지 않았다고 볼 수 없다. 과학자들이 시나 소설을 읽음으로써 직접적인 혜택을 입지 않는다 하더라도, 은연중에 그러한 시간이 자신의 삶과 학문 세계를 살찌게 하는 방편이라고 보는 것은 지나친 억측일까?

그런 까닭에 나는 스스로 전형적인 과학자는 아니라고 미리부터 고백한다――이는 과학성이 결여된 내 말투를 향해 가해 올 엄밀한 과학자들의 비판을 막으려는 하나의 방어막이기도 하다. 스스로 나 자신을 들여다볼라치면 과학자를 꿈꾸던 어린 날의 나와 그렇지 못한 다른 내가 불안하게 들어앉아 있다. 내 일상적인 사고는 제멋대로이며, 이것저것 끌어다 연결시키기를 즐긴다. 때로는 그 과정에서 비교적 과학적이라고도 할 수 있는 착상을 끌어내기도 한다. 그리고 그 착상을 기반으로 학술 논문을 작성할 때는 최대한 엄정한 논증으로 무장해 보려고 노력한다. 그렇지 않으면 논문의 심사자들이 게재 불가라는 판정을 던져 준다는 사실을 경험했기 때문이다.⁵⁾

그러나 감성적인 표현을 즐기는 평소의 태도가 어디 멀리 가겠는가? 이 글을 쓸 때도 과학적인 질문보다는 오며 가며 알맞은 표현 찾기에 몰두하고 그것들을 적어 놓느라고 시간을 보냈다. 과학적 사실 발견이 급한 사람이라면 그런 일에 시간을 보낼 틈이 없을 것이다. 그런데 이런 과정에 생각이 깊어지는 묘미도 있어 그 버릇에서 헤어나지 못하고 있다. 이렇게 내 안에 존재하는 양면성은 신화와 과학이 합일점을 찾지 못하는 오늘날의 세계와 비슷하다. ● ● ●

따로 보기 1
삶의 학문 생태학

이제 생태학을 공부해 온 세월이 꽤 되었다. 대학교 3학년 때 막연하게 이 분야를 동경하게 되었고, 그 당시 청계천 일대에 늘어서 있던 헌 책방을 종일 돌아다니며 어렵사리 구했던 생태학 영어 원서는 지금도 내 책꽂이에 남아 있다.[6] 영어 실력의 부진으로 그 책은 그다지 재미있게 읽히지 않았다. 나중에 군대에 갔다 와서 환경생물학이라는 과목의 교재로 사용했지만, 이런저런 까닭으로 한 학기 동안에 100쪽가량의 내용을 배웠던가? 수많은 70년대 학번들은 그렇게 배웠다. 정말로 우리가 제대로 공부에 전념할 수 없게 하는 이런저런 일들이 많았다.

졸업을 한 다음 나는 이태 동안 학교를 떠났다. 그러나 거짓으로 무장해야 살아남을 듯한 당시의 살벌한 무역 회사 풍토에 적응하지 못하고 다시 학교 사회로 돌아왔다. 그러나 이미 생태학이 군더더기처럼 붙어 있는 생물학 분야에 나를 다시 세우지는 않았다. 공부가 제대로 되어 있지 않은 데다가 학교를 떠나 있는 동안 그마저 많이 잊어버린 실력 탓에 생물학과로 되돌아갈 처지도 아니었다. 그래서 생태학계에서 발굴한 원리를 응용하는 '조경학'과 '환경과학 및 공학' 전공에서 각각 석사와 박사 과정을 가졌다. 두 분야 모두 지금은 생태학을 상당히 끌어 쓴다고 할 수 있지만 1980년대 초까지는 그렇지 않았다. 그 과정은 생물학 기초 지식을 요구하던 시험을 피해 가며 생태학을 익힐 수 있는 하나의 선택이었다.

학위를 마치고 생물학에 바탕을 둔 생태학자들을 접촉했다. 박사 학위 논문을 지도해 주셨던 두 분의 미국인 교수는 나를 그렇게 곱게 보지는 않았지만, 내게 생태학은 하나의 꿈이었다.

◀ 2001년 여름 미국 위스콘신 주 매드슨(Madson)에서 열렸던 미국생태학회에 참가한 일부 한국 참여자들과 오덤 선생님이 함께 사진을 찍을 기회가 있었다.[8]

드디어 조지아 대학교 생태학연구소(Institute of Ecology, University of Georgia)에서 연구원으로 일을 하게 되었다. 그 인연은 나중에 유진 오덤 선생님의 책『생태학(Ecology)』을 번역하는 길로 이어졌지만,[7] 그분은 내 연구 동료는 아니었다. 우연히 2년 동안 내가 그분의 연구실 바로 앞에 자리를 잡았고, 그 까닭에 자주 뵐 수 있었을 뿐이다.

이제 내 전공은 생태학이라고 할 수밖에 없다. 나는 주로 토양과 생태계 그리고 경관 중심의 기능적인 측면에 관심을 가지고 있다. 그래서 이러한 영역들을 묶어 줄 수 있는 체계 이론에 관한 공부도 조금씩 하면서 강의에서 소개하고 있다. 그리고 생태학이라는 단어가 붙은 학회에 학생들을 이끌고, 관련 전문 학술지에 연구 결과를 발표한다.

그렇게 많은 세월이 흘렀다. 어느 날 나는, 동양에서는 '생태'라는 단어를 언제부터 사용하게 되었을까 하는 의문을 가지게 되었다. 한문에 익숙한 몇몇 지기들에게 옛 자료를 좀 찾아봐 달라는 부탁을 했으나 성과 없는 세월은 자꾸만 갔다. 그러던 중에 조선일보에서 생활 한자를 연재하던 성균관 대학교 전광진 교수에게 전자우편으로 도움을 요청해 보았다. 하지만 지면이 없는 분이라 크게 기대하지 않았다. 막말로 밑져야 본전이란 심정이었다. 그런데 답을 받았다. 아, 그 고마움이란!

그리하여 중국 상하이에서 나온『한어대사전(漢語大詞典)』을 찾아보게 되었다. 이웃 학문에서는 너무도 쉽게 볼 수 있는 길이 바로 옆에 있어도 눈길이 다른 곳에 가 있는 이상 보기 어려운 것이었다. 학문과 학문 사이에 높게 가로

놓인 벽 탓일까?
사전에는 뜻과 활용된 문장을 보기로 제시했는데, 우리 연구실에 있던 중국인 유학생 모수국 씨가 뜻을 옮기고 약간의 해석을 곁들여 보니 다음과 같았다. 사전의 원문은 주에 올려놓는다.[9]

1. 아름다운 모습을 나타냄. (중국 남북조 시대) 남부 양나라 시대의 간문(簡文) 황제가 지은 「쟁부」(시, 사의 하나)에 보면, "빨간 움이 잎으로 됐고, 푸른 나무 그늘이 눈썹과 같다. 미인이 따서, 표정을 짓고 자태를 나타냈다." 『동주열국지』 제17회에 보면, "식규(息嬀, 초나라 시대의 미녀, 息侯의 부인)의 눈이 가을의 호수 같고(여자의 맑은 눈매), 얼굴 색깔이 도화와 비슷하고, 키는 알맞아 행동거지에도 자태가 나타나니 다른 사람은 눈에 보이지 않는다."

2. 생동적인 모습. 당나라 시인 두보(杜甫)의 시 「아침에 공안(公安, 지명)으로 출발함」에 보면, "이웃집 닭이 밖에서 우는 소리가 옛날과 같고, 물체의 색이 나타내는 모습은 얼마 동안 유지되는가?"라는 말이 있고, 명나라 시대에 유기(劉基)의 「해어화(解語花, 사패의 명칭) · 영류(詠柳, 버드나무를 노래로써 찬미함)」에 보면, "연약한 버드나무 가지가 바람에 한들거려 아름다운 모습이 정말 비할 데가 없다."

3. 생물의 생리 특성과 어우러진 생활 습성. 진목(秦牧, 1919~1992, 중국의 유명한 현대 작가)의 『예해습패(藝海拾貝, 예술의 해양에 패각을 잡음) · 하취(蝦趣, 새우에 대한 취미)』에 보면, "나는 이전에 한 달이 넘도록 새우 한 마리를 사육하며 새우의 생활 습성을 자세히 살펴봤어요."

오늘날 우리가 흔히 사용하고 있는 생태의 의미는 『한어대사전』에서 기술하는 제3의 경우에 해당한다. 한문의 뜻 그대로 옮기면 대충 '생활하는 상태' 또는 '삶의 꼴(생김새나 됨됨이)', '살아가는 꼴' 또는 '살아가는 모습' 정도가 될 것이다. 이를테면 식물의 겉모습으로부터 생활하는 상태를 기술할 때 생태라는 단어를 사용한다.

"소나무와 잣나무를 지조나 의리의 상징형으로 인식하게 된 것은 추운 겨울이 되어 다른 모든 식물들은 낙엽이 지는데 오직 소나무와 잣나무만은 푸름을 잃지 않는 생태적 속성에 기인한다."
"매화는 또한 흰색을 기본형으로 하고 있으면서 후각을 자극하지 않는 은은한 향기를 지니고 있다. 이런 매화의 생태적 특성이 선비들의 유교적 윤리관과 결합하여 의인화되고, 또 이상화되면서 정원수로서 빼놓을 수 없는 자리를 차지하게 되었다."[10]

2002년도 제26회 이상 문학상 대상 수상작인 권지예 씨의 단편 소설 『뱀장어 스튜』의 앞부분은 바퀴벌레에 대해 지루하다 싶을 정도로 길게 묘사하고 있다. 사람이 쳐 놓은 강력 접착제 덫에 걸려들어 죽어 가는 어미와 그 어미가 죽는 순간에 쏟아 놓은 알에서 줄줄이 밀려 나오는 새끼들의 처절한 모습을 그려 놓았다. 음침한 소설 분위기를 그려 놓기 위해 어둠에 익숙한 바퀴벌레가 제격이었을까? 평론가 조남현 씨는 바로 그 부분을 "바퀴벌레의 생태 묘사"라는 표현으로 간단하게 축약한다. 바퀴벌레의 긴 삶의 한 단면이기는 하지만 바퀴벌레의 '살

아가는 모습'이라는 뜻이겠다.[11]

국립중앙박물관장을 역임하신 혜곡 최순우 선생의 글에서는 사람의 살아가는 모습을 '생태'라는 단어로 묘사하고 있다.

"단원 김홍도의 풍속도를 보고 있으면 서민 사회의 구수하고도 익살스러운 흥겨움이 화면에 넘쳐나고 있음을 알 수 있다. 예쁘다든지 미끈하다든지 하는 느낌보다는 이렇게 익살스러운 표현이 앞선다는 것은 단원이 서민 사회의 생태를 너무나 잘 보고 알고 또 사랑했던 까닭이라 할 수 있다. …… 자연을 들러리로 한 작품들은 행사에 모여드는 중서 군상들의 구수한 모습들과 그들의 생생한 생태를 마음 놓고 다룰 수가 있었기 때문에 위엄에만 치우치기 쉬웠던 화면에 일종의 생기를 불어넣을 수가 있었던 것이다. …… 혜원 신윤복은 풍류남아나 기녀들의 생태를 그려서 조선시대 화류계의 연연한 생활 정서를 뛰어난 솜씨와 정애로써 후대에 전해 준 귀한 업적을 남긴 분이었는데……"[12]

사람이 살아가는 모습은 인간 생태이다. 아는가? 오늘날 많은 대학교의 가정대학 또는 생활과학대학이 'College of Human Ecology'라는 영문 이름을 달고 있는 사실을. 넓게 보면 우리의 삶이 인간 생태 아닌 것이 있으랴!

여기서 사용된 생태의 의미는 'ecology'의 원래 의미인 '집에 대한 학문'과는 다른 관점에서 나왔다. 즉 사람이 살아가는 생김새나 됨됨이를 말하며, 이는 아마도 사람이 환경에 반응하는 모습일 것이다. 관심의 대상을 사람이 아

◀ 서민 생태의 한 단면.[14] 울릉도 주민의 삶을 오징어와 바다의 관계에서 바라볼 수 있다.

닌 다른 생물로 바꾸어도 비슷한 뜻으로 사용된다.

말이 나온 연유를 볼 때 'ecology'가 그 안에 사는 생물보다 그것을 감싸고 있는 바깥 환경에 더 주목하는 반면에 생태학은 생물의 삶을 중심으로 말한다. 더구나 인간을 생태계의 구성 요소로 고려하는 최근의 학문 경향을 보면 오히려 'ecology'보다는 우리가 사용하는 '생태학'이라는 단어가 더 걸맞은 의미를 전달하고 있다.

대부분의 생태학 교과서에서는 생태학을 서양에서 유래된 학문으로 간주하고 'ecology'의 어원을 풀어서 '환경(eco-: household, 곧 집이라는 뜻)에 대한 학문(logos)'이라 정의한다.[15]

그러나 동양인들이 사용하고 있는 생태학(生態學)이라는 말의 의미를 뜯어보면 그러한 서양의 어원과는 어느 정도 거리를 두고 있는 것을 확인할 수 있다. 아마도 생태학이 오랫동안 자연 주변에만 맴돌며 인간의 문제를 포괄하는 데 긴 세월이 걸린 까닭은 이러한 'ecology'라는 명칭 탓일지도 모른다.

왜 동양에서 집의 학문이 아닌 생태학을 생각하게 되었을까? 그 까닭도 언젠가 살펴보아야 하리라. 생태라는 단어가 중국이나 일본 어디에서 유래되었든 상관없이 우리가 많이 사용하고 있기 때문이다. 어쨌거나 동양에서는 생태학이라는 학문의 명칭을 부여함으로써 삶과 더 밀접한 관계를 이룰 수 있는 출발을 한 셈이다. 生

흐름 속의 삶

> 인생이란 얻는 것과 잃는 것 외의 아무것도 아니다. 사람은 누구나 얻는 것을 좋아하고 잃는 것을 싫어한다. 그러나 잃는다는 것이 나쁜 것은 아니다. 때로는 잃지 않으면 얻을 수도 없는 법이다. (중략) 얻어도 거만해지지 않고 잃어도 우울해지지 않는 경지에 달한다는 것은 결코 용이한 일이 아니다. 우리들은 다만 득실을 따지는 기분에 스스로 좌우되지 않도록 할 따름이다.
>
> ─── 다이 호우잉, 『사람아 아, 사람아』(신영복 옮김) 중에서

 해가 바뀌면 그동안 인연을 맺어 오던 학생들 일부는 떠나고 신입생들이 들어온다. 나는 가만히 서 있는데 학생들과 학생들로 이어지는 삶의 한 묶음이 흐르는 강물처럼 스쳐 가는 듯하다. 학생들은 내 주위에 머무는 동안 무언가를 배우는 것 이상으로 내게 새로운 정보를 안겨 준다. 특히 좋은 정보를 얻어 잘 가공하는 잠재력을 가진 학생들은 오랫동안 잡아 두고 싶은 욕망을 느낀다. 나는 은연중에 알고 있다. 학생들과 함께 양질의 정보를 읽어 내고 잘 가공하여 사회에 공헌하지 못하면 자신이 속한 학문 세계에 의해서 선택되지 못하고 사라져 가야 한다는 것을……
 마치 작금의 자연 세계가 진화 과정을 통해 선택된 생물들이 자아

내고 있는 상황이듯이 현존하는 학문 세계는 학문 역사를 통해서 선택된 학풍들이 연출되고 있는 장이다. 이러한 과정은 역동적인 작용-반작용으로 진행된다. 이 흐름 속에서 선택되는 것은 사람이라기보다 사람을 매개로 하는 학문 체계이다. 그러기에 사람들은 학맥(學脈)이라 말하는 모양이다. 때로 학맥을 통해 지나친 학연이 얽히기는 하지만 좋은 학맥은 이어져야 하는 것이다.

인류를 이루는 한 사람 한 사람은 장구히 흘러가는 긴 정보 역사의 징검다리이다. 사람의 징검다리를 지난 정보는 예전의 모습 그대로가 아니다. 또한 어떤 사람을 거쳤느냐에 따라 변화되는 정보의 모양과 크기는 저마다 다르다. 그런 가닥들이 모여 도도히 흘러가는 정보의 물결이 인류 문화를 이룬다. 강물은 끊임없이 위에서 아래로 흘러간다. 우리는 이 귀한 물을 잡아 두고 싶어서 댐을 만들어 가두어 두기도 한다. 그런다고 물을 영원히 잡아 둘 수는 없지만, 그래도 떠남을 느리게 하면 더 오래 볼 수 있고 더 많이 사용할 수 있다.

따지고 보면 세상의 모든 자원들이 한곳에 영원히 머무는 경우는 없다. 완급이 있을 뿐 일정 기간 멈추었다가는 다른 곳으로 옮겨 가거나 변형된다. 민음사 대표 박맹호 님은 "출판을 통해서 이룩하는 일이란 사람보다 더 빨리 흩어지는 말을, 말보다도 더 빨리 흘러가는 생각을 우리 곁에 머무르게 하고자 하는 일인지도 모른다."고 했다.[15] 이와 같이 귀중하면서도 덧없이 사라져 가는 자원일수록 그것을 달아나지 못하게 하려면 더 큰 힘을 기울여야 한다. 끊임없이 흐르는 속성을 지닌 정보와 물을 비롯하여 자원을 효율적으로 이용하지 못하는 집단은 국제 사회에서 선택되지 못하고 사라져 가게 된다.

햇빛은 태양으로부터 나무 곁으로 왔다가 떠난다. 나무는 이 흘러가는 햇빛 자원을 잠깐이라도 잡아 두고 싶은 욕망에 사로잡혀 있다. 어쩌면 생태계가 나무를 매개로 그런 욕망을 실현하고 있는지 모른다. 생각하기에 따라서는 햇빛이 머물고 싶어 나무가 열심히 자신을 잡아 두도록 부추기는 것인지도 모른다. 어쨌거나 나무와 생태계는 햇빛을 잡아 두지 않으면 본질을 상실한다. 그러기에 햇빛의 이용 효율을 높이고자 온갖 수단을 동원한다.

그래서 나무는 햇빛을 잡는 데 필수적인 그릇인 영양소들을 잡아 두어야 한다. 이 노력의 결산을 생태학자들은 식물의 에너지 이용 효율 또는 영양소 보유 효율이라고 한다. 이제 이 어려워 보이는 생태학 전문 용어의 의미가 무엇이며, 또 구체적으로 어떻게 표현되어야 할지 한번쯤 상상해 보시라. 나는 더 이상 답을 주고 싶지는 않다. 왜냐하면 너무 쉬우니까.

나무는 광합성이라는 방법으로 마냥 흘러가는 햇빛과 영양소들을 보유하기 쉬운 형태의 에너지와 물질로 바꾼다. 그리고 이렇게 바꾼 에너지와 영양소의 혼합물인 유기물들을 잎과 줄기, 뿌리라는 댐에 가두어 둔다. 마치 가두어진 물이 증발과 침투를 통해서 댐을 빠져나가듯이 성장 기간에 잠깐 가두어졌던 나뭇잎들은 가을이면 다시 흘러가려고 몸부림친다.

사람들이 수도관 밖으로 물이 새 나가는 것을 방지하려고 하듯이 나무도 영양소의 흐름에 빈틈이 생기지 않도록 여러 가지 수단을 강구한다. 봄이 되어 나뭇잎들이 썩으면 그 속에 포함되어 있던 영양소가 분비된다. 그러면 눈이 녹아 생기거나 비가 내려서 흘러가는 지표 유출수가 영양소를 떠메고 간다.[16] 나무도 이에 대응해서 유실되는 자원을 잡아 두려는 노력들을 발휘한다. 떠남과 잡음의 끊임없는 투쟁은 자연의 속성이다. 그러나 성숙한 자연은 그러한 투쟁을 절충하고 협동이라는 화해의 길을 모색한다. ● ● ●

따로 보기 2
생활 속의 생태학

연구실이 작아 불편하다는 교수들이 가끔 있다. 그런데 언젠가 미국 교수들 — 불행하게도 지금까지 나는 가까운 중국이나 일본, 또는 동남아시아 여러 나라의 교수 연구실을 놔두고 미국 교수들의 방만 기웃거려 왔다 — 을 찾아갔을 때 그들이 상대적으로 더 좁은 연구실에서 나를 맞던 기억을 가지고 있다. 그래서 이 글을 준비하는 동안 전자 우편으로 몇몇 미국 교수들에게 필자의 연구실 크기는 20제곱미터 정도(정확하게는 19.78제곱미터)라는 사실을 밝히고 그들의 연구실 크기를 물어 보았다.

오리건 주립대학교의 한 친구는 이렇게 대답했다. "내 연구실은 가로 3미터 세로 3.5미터로 대략 11제곱미터라네. 20제곱미터는 좀 사치스러운걸!" (그는 2001년에 석좌 교수가 되었으나 연구실 공간 크기는 아직도 그대로 유지하고 있다.) 캘리포니아 주립대학교에 있는 한국인을 통해 나는 그곳 교수들의 개인 연구실 크기를 대충 알아보았다. 7제곱미터 면적의 연구실을 가진 분도 있고 25제곱미터 면적의 연구실을 가진 분도 있으나 대체로 9~14제곱미터 정도의 크기란다.

시간도 없었을뿐더러 아는 사람을 통해서 누구나 쉽게 확인해 볼 수 있는 사실이기 때문에 이 조사는 더 진행되지 않았다. 책보다 신간 논문을 주로 참고하는 이공계 대학에 근무하는 사람들이라 이런 단편적인 자료는 예외의 상황을 반영하는 것일지도 모른다. 그럼에도 불구하고 내 기억과 이런 정도의 제한된 정보에 근거하면 한국 교수들의 연구실이 작다는 말이 반드시 옳지는 않은 듯하다. 연구실 공간이 작은 것이 아니라 오히려 공간을 채우는 물건이나 자료가 많다는 말이 맞다.

사람에 따라 연구실에 두는 물건들이 다를 수 있으나 대체로 우리 교수들은 장서나 자료가 많아 지금의 크기로는 불편하다. 왜 그런 현상이 일어났을까?

이는 미국 교수와 한국 교수의 공간 사용 방식에 나타나는 차이와 주변의 다른 여건과 관련이 있다. 특히 한국 교수들의 개인 자료 소장에 대한 애착에서 비롯된 책 모음과 함께 학생들이 해마다 증정하는 학위 논문들이 제법 큰 자리를 차지하기 때문이 아닐지.

이 또한 예외가 많겠으나 적어도 내가 아는 바에 의하면 많은 한국 교수들은 잘 갖추어진 개인 장서를 유지한다. 언젠가 모 일간지에서 몇 분의 교수들과 작가들의 서가를 소개한 적이 있을 정도로 그런 장서는 훌륭한 공부의 밑거름이 될 것임에 틀림없다. 그러나 나는 빈약한 소장 자료에 대한 나름의 변명이 있다. 출판물과 인터넷을 통해 새로운 자료가 쏟아져 나오는 오늘날 희귀본을 소장해야 할 특정 분야 연구자들을 제외하면 많은 자료를 개인적으로 움켜쥐고 있어야 할 이유가 없다.

오히려 개인 소장보다는 자료를 공유하는 도서관을 더욱 효율적으로 이용할 수 있도록 대학과 공공 기관의 정책을 개선해야 한다. 많은 미국 교수들의 연구실이 좁고 서가가 그다지 볼 품없는 것은 잘 운영되고 있는 도서관 체제 덕분이다. 여기에는 아마도 그들의 주거지와 연구실이 가까워 학교 연구실 자료가 전체 소장 자료의 작은 부분이라는 사실도 조금은 작용하고 있을 것이다. 그렇다면 중앙 도서관의 장서 비치와 사용의 편리성을 도모하고, 가정의 개인 서재와 학교 연구실이 보완 관계를 이룰 수 있는 개선책을 강구하면, 한국 교수들의 연구실 크기를 줄일 수 있다는 뜻이다.

학생들이 지나치게 많이 만들어 내는 학위 논문도 교수들의 연구실을 좁게 하는 한 가지 요인이다. 대부분의 교수들은 해가 바뀌면 정성스러운 인사말을 곁들인 학위 논문을 몇 권씩 받는다. 몇 해가 지나면 그렇게 쌓인 학위 논문들도 대학교수들의 연구실 공간을 제법 차지하게 된다. 때로 편하지 않은 마음으로 학생들의 인사말을 뜯어내고 몇몇 논문을 솎아 내어 보지만 그래도 일부 논문들은 고집스럽게 버티고 앉아 있다.

학위 논문을 많이 인쇄하는 일은 다른 환경 문제도 일으킨다. 먼저 논문을 인쇄하기 위해서는 종이라는 자원을 소비해야 한다. 그에 따라 종이의 원료가 되는 나무를 많이 잘라 내어 간접적으로 숲을 훼손하게 된다. 게다가 요즈음 들어서는 자료가 많아지면서 학위 논문들이 실제로 많이 읽히지 않기 때문에 대부분 10년이 못 되어 쓰레기가 되고 만다. 따라서 학위 논문을 지나치게 많이 인쇄하는 일은 귀중한 나무들을 쓰레기로 둔갑시키는 과정이기도 하다.

그런 까닭인지 미국에서는 박사 학위 논문도 10부 이상 인쇄하는 경우가 매우 드물다. 학위 논문을 더욱 일목요연하게 정리하여 학술지에 투고한 다음, 그것이 동일 분야에 종사하는 전문가들의 심사 과정을 거쳐 학술지에 게재될 때 주요 업적으로 간주하는 엄정한 학문 풍토를 정착시켰기 때문이다. 뿐만 아니라 적어도 자연과학 분야에서는 그렇게 압축된 논문 덕택에 읽는 시간을 훨씬 절약할 수 있다. 반면에 우리나라에서는 석사나 박사 학위 논문을 100~200부가량 찍고 나누어 주는 구시대의 전통을 그대로 유지하고 있다.

그럼 교수들의 장서는 어떻게 관리되는 것일까? 적어도 정년퇴임하는 날이 오면 많은 부분이 쓰레기로 바뀌지 않을까. 교수 연구실이라는 공간에 들어와서 보내는 시간이 학위 논문의 경우와 조금 다를 뿐 언젠가 다시 밖으로 나갈 때는 많은 양이 폐기 처분되는 운명에 놓인다.

이 과정은 장서와 학위 논문에 대한 한-미 두 나라 대학 사회의 인식 차이가 나무-종이-쓰레기-분해된 물질로 이어지는 순환 과정을 판이하게 조정함을 보여 주는 하나의 현상이다. 자연의 물질 순환 과정에 인간 사회가 어떻게 간섭을 할 수 있는지 보여 주는 한 가지 보기이기도 하다.

이런 얘기들이 생태학과 무슨 상관이나 있는 것일까? 결론부터 먼저 말하자면 오늘날의 환경 문제는 공간 또는 토지 이용과 밀접한 관계가 있으며, 생태학은 생물과 공간의 관계를 연구하여 환경 문제 해결의 실마리를 조금은 제공할 학문으로 인식되고 있다는 것이다. 그러한 관계를 이해하기 위해 앞으로 몇 가지 생태학의 기본 원리를 소개할 예정이다.

노곡천의 시궁창

1982년 봄 석사 학위 논문 준비를 위한 고민이 막바지에 이르고 있었다. 누구나 처음에는 그러하겠지만 지난날의 공부가 부족했던 탓인지 논문 주제는 쉽사리 다가오지 않았다. 아르헨티나 아콩카과 제2캠프에서 고민했던 주제인 '새마을 운동의 생태학적 의미'는 형태를 꾸미기에 너무 벅찬 작업이라 이미 포기했다.[17] 그러던 어느 날 책을 보다가 서열(sequence)이라는 단어가 눈에 들어왔고 문득 상류로부터 하류까지 강을 따라 걸으면 시각적인 서열이 생길 것이라는 생각을 하게 되었다. 그리고 그러한 변화의 서열은 경관 지표 또는 식생 지표와 연관이 있으리라는 막연한 착상을 얻었다. 그리하여 그 생각을 적용할 수 있는 대상 하천을 찾아 나서게 되었다.

그 무렵 나는 작고하신 정영호 교수님과 인연으로 서울대학교 식물학과 식물분류학 연구실을 자주 방문하곤 했다. 그러던 중 마침 경기도 광주군에 있는 서울대학교 태화산 연습림으로 춘계 식물 채집을 계획하게 되어 동반했다. 공식적인 일정에 따라 태화산을 오른 다음 날 혼자서 광주군 도척면 상림리의 연습림 입구에서부터 실촌면 곤지암리까지 노곡천 바닥을 따라 걸어 보았다.

1

그렇게 하여 노곡천 일부 구간은 내 최초의 연구 대상이 되었다. 그해 봄 버스를 타고 서울과 곤지암을 여러 번 왕래했다. 어느 날인가 나를 간첩으로 의심하고 에워쌌던 녀석들이 다니던 고등학교 하수구 아래서 내 공부의 시작을 예고하는 현상이 눈에 들어왔다.

학교의 담은 노곡천에 바투 붙어 있었다. 담벼락 바로 아래 물길이 닿는 곳에는 침식을 막는 돌망태가 놓여 있었다.[18] 애초에 철망과 돌로 된 그 돌망태는 식물이 뿌리를 내릴 수 있는 곳이 아니었다. 그런데 그 틈 위로 하수구로부터 흘러나온 찌꺼기가 쌓였고 바로 그곳에 고마리와 소리쟁이가 무성했다.

더러운 시궁창에서 식물이 더욱 왕성하게 자라고 있는 모습으로부터 한 가지 상상이 떠올랐다. 식물들이 더러운 물에서 자라며 더러운 물질을 취하리라는 것이다. 사실 식물은 더러움을 조장하는 유기물을 직접 흡수하지는 않기 때문에 그 안에서 일어나는 복잡한 과정에 대한 유추는 나중에 수정해야 했다. 그것은 바로 물에 포함되어 있는 오염 물질들을 제거한다는 말이다. 그렇다면 식물을 이용하여 물을 정화할 수 있다는 뜻이다. 당시의 석사 학위 논문에는 원래의 주제와는 약간 거리를 두고 있는 다음과 같은 내용이 엉성하게 적혀 있다.[19]

1. 아르헨티나 아콩카과 산 가는 길.[20] 이때까지 나는 사진을 찍어 본 적이 없었다. 이 여행을 마치고 돌아오는 길에 처음으로 내 자신의 사진기를 갖게 되었다.
2. 노곡천의 위치.
3. 하수구 아래 돌망태 위에서 무성하게 자라고 있는 고마리와 소리쟁이.[21]

> 범람원에 적합한 토지 이용으로 농업, 옥외 레크리에이션 등을 들고 있으며, 구체적으로 벼 재배, 원예, 양어 등에 의한 생산, 실험 수생동물원, 온실, 습지 식물원, 야초원에 의한 자연 학습 및 교화, 운동, 자연 방임적인 동물 사육 광장, 낚시 등의 레크리에이션, 휴식 광장, 감상을 위한 경관 등의 목적으로 이용할 것을 권장하고 있다.
>
> (중략)

그러나 범람원에서 생산성 위주의 토지 이용은 자연적인 비옥도를 이용하는 데 그치고 인공 비료의 사용을 피해야 한다. 비료는 곧바로 이웃하는 강물에 흘러들어 유기질 오염을 초래하여 수중 생태계의 균형을 파괴할 위험이 있다.

생태학적 용어로서 생산자를 직접 이용하는 방법(이를테면 벼나 보리 등 곡물을 재배하는 따위)보다 소비자를 이용하는 방법(이를테면 초지를 형성하고 거기서 나오는 풀을 가축의 사료로 하여 고기를 이용하는 일)을 고려해 볼 필요가 있다. 이것은 곡물 재배가 홍수의 피해를 피하기 어렵고 아무래도 비료 사용이 따르기 쉽기 때문이다.

그리고 범람원에 적합한 생산자로서 습지 식생에 대한 기초적인 연구가 뒷받침되길 바라며 본 연구에서는 고마리와 소리쟁이의 생태적·생리적 연구의 필요성을 제안한다. 그 까닭은 고마리와 소리쟁이가 우리나라 자연 습지의 도처에 자생하며 특히 하수가 배출되는 장소에서 무성하게 자라고 있는 것이 관찰되기 때문이다. 범람원에서 이런 식물의 이용은 첫째 유기질 오염원을 식물 생산으로 전환할 수 있는 이중의 효과가 있고, 둘째 강둑과 바닥의 침식을 방지하며, 셋째 약용 및 식용으로 이용하는 외에 가축의 사료나 퇴비로 이용할 수 있는 가능성이 있다.

노곡천의 강바닥에 자라던 식물을 관찰하며 오르내리는 동안 또 다른 풍경이 눈에 들어왔다. 우리나라 제방에서 흔히 볼 수 있듯이 그곳에서도 돌망태로 제방 침식을 막는 공사가 있었던 모양이다. 어린 시절 장마 때면 어김없이 둑을 무너뜨리고 전답을 쓸어내리던 강물을 이겨 주던 돌망태, 그것은 어른들이 '밀가리[22] 대통령'이라고 부르던 분이 잘살아 보자고 전국 방방곡곡 구호를 외쳤던 운동의 소산이 아니던가? 돌망태 아래 끝에서부터 강바닥은 폭이 1m 정도 수

평을 이루고 있었고, 거기를 지나서는 다시 단을 이루어 내 키보다 깊게 파져 있었다. 이것은 처음 제방을 만들 때는 돌망태 아랫부분이 강바닥의 높이였지만, 그 뒤 거기서부터 다시 사람의 키를 넘는 깊이로 강바닥이 패어 나간 사실을 추측케 했다.

왜 그런 현상이 생겼을까? 꾸불꾸불 흘러야 자연스러운 물길을 억지로 좁은 직선의 흐름으로 바꾸었기 때문이다. 이런 공사 과정을 '수로의 직강화'라고 한다. 그러면 큰물이 흐를 때 폭이 좁은 지역에서 물의 흐름이 빨라지고, 이에 따라 운동 에너지가 증가하게 된다. 흔히 교과서에서 정의하듯이 에너지는 일을 할 수 있는 능력이다. 모든 에너지는 적절한 일을 찾지 못하면 엉뚱한 일을 저질러 놓게 마련이다. 그러기에 모인 에너지는 더 큰 힘으로 강바닥을 긁어내고 말았다.

노곡천 바닥에서 패어 나간 자갈과 흙들은 어디로 갔을까? 그것은 어디엔가 있어야 한다. 아마도 일부는 가까운 웅덩이를 메웠을 것이고, 일부는 곤지암에서 곤지암천을 만나 경안천을 지나 팔당호 바닥에 쌓였을 것이고, 또 일부는 한강을 거쳐 서해 밑바닥에 깊숙이 자리를 잡았으리라. 수도권 시민의 물을 퍼올리는 팔당호의 경안천 하류 바닥에는 몇 미터가 넘는 저질(底質)이 쌓여 있다. 그것이 바로 대부분 노곡천을 비롯한 경안천 상류 지역에 자리 잡은 유역의 땅과 강바닥이 침식되면서 생긴 것이다. ●●●

▲ 강바닥의 침식.[24] 돌망태가 놓일 즈음에는 그 아래 자락이 닿아 있는 사진의 중간 부분 높이에 강바닥이 있었던 것으로 추측된다.

▼ 돌망태로 처리된 강둑과 숲띠가 남아 있는 풍경.[24] 이제 우리나라 강둑 곳곳에서 돌망태를 볼 수 있으나 수풀이 있는 곳은 보기 어렵다.

땅거죽의 상처

노곡천과 맺어진 인연은 땅 표면에 나타나는 작은 변화에도 관심을 가지는 계기가 되었다. 사람의 발길이 닿는 곳은 어디든 잘려 나가는 토양이 눈에 들어왔다.

경안천 상류에 위치한 어떤 대학교의 운동장은 비가 한 번 지나가면 곳곳에서 팬 모습을 드러냈다. 1년이면 한 번씩 가는 용인 공원묘지에서는 언젠가 무덤들이 홍수와 산사태를 만나 뒤섞인 모습을 보이기도 했다. 경북 영일군 청하면 소재 기청산 수목원의 이삼우 선

생님의 인도를 받아 올라간 천령산(경북 영일군 청하면 청계리 소재, 해발 775미터)에는 어느 펄프 회사가 종이 원료를 얻기 위해 참나무를 잘라 가면서 만든 임도(林道)에 아픈 상흔이 새겨져 있었다. 강원도 평창군에 있는 아름답던 가리왕산의 옆구리를 잘라 만든 임도에도 흉참한 침식이 어김없이 더해졌다.

자연을 찾아 산을 찾는 사람들의 발길은 우리 산 곳곳에 땅의 생채기를 만들어 놓았다. 전남 강진 다산초당 가는 길에는 방문객의 발길에 짓밟힌 땅이 빗물에 패어 나무뿌리가 앙상한 모습을 보이고 있었다. 백두대간을 따라 걸었던 대관령 목장의 큰길에는 깊이 1미터가 넘는 도랑이 패어 있었다.[25] 한때 희방사에서 소백산을 오르는 길과 비로봉 주변은 더욱 처참했다. 폭우와 바람이 심한 한라산 등산로의 모습은 그 상처가 너무도 깊어 입을 다물지 못하게 하기도 했다. 그 씻겨 간 흙은 모두 어디로 가 있을까?

미국 땅 옐로스톤 공원에서도 침식은 골칫덩어리인 모양이다. 타

토양이 침식된 현장의 모습들
1. 경상북도 영일군 청하면 청계리 천령산 (1993년 5월 16일).
2. 전남 강진 다산초당 가는 길 (1994년 2월 28일).
3. 제주도 어리목-윗세오름 등산로는 많은 경비를 들여 등산로를 보수하고 통행 범위를 제한하고 있다.[26]
4, 5. 미국 옐로스톤 공원에서 방문객이 많은 보도의 침식을 감소시키기 위한 배려.[27]

▲ 경사지의 토양 침식을 줄이기 위한 배려가 있으나 흘러내린 토사는 바로 하수구로 직행하도록 해 놓았다.[29]
▶ 구성포의 자연 부락 신내에서 바라본 홍천강.[30]

워 폭포 부근에는 식물을 보호해서 방문객들의 발길에 긁힌 땅바닥의 침식을 방지하는 방안을 강구한다는 팻말이 붙어 있다. 이와 비슷한 모습을 우리나라 원주에 있는 오크밸리(참나무골이라는 뜻)라는 곳에서도 볼 수 있는데 여기에는 약간의 차이가 있다. 옐로스톤의 경우는 빗물에 씻겨 가는 토사가 식물이 자라는 지표에 쌓이게 했으나 우리의 경우는 하수구로 가도록 해 놓았다. 그 흙이 배수구에 많이 몰리면 언젠가 수로를 메우지는 않을지?

환경과 정보 분야의 높은 식견을 가진 것으로 알려진 미국의 전 부통령 앨 고어(Al Gore)도 토양 침식에서 처음으로 환경 문제를 인식했다.[28]

내가 소년이었을 시절에는 미국 곳곳의 목초지에 도랑이 생겨 비가 오면 자연히 깊이 패고, 물이 넘치면 표토를 훑어 버려 강을 흙탕물로 만들었다. 불행하게도 이런 현상은 오늘날까지 거의 변하지 않고 있다. 테네시 주 남서부의 미시시피 강변에 있는 항구 도시 멤피스의 표토는 지금도 시간당 8에이커(약 32,000m²)가 유실되어, 미시시피 강은 지금까지 수백만 톤의 표토를 미국 중부의 농장에서 영원히 앗아갔다. 과거 아이오와 주는 평균 16인치(약 41cm) 두께의, 세계에서도 가장 비옥한 토양을 자랑하고 있었다. 그러나 현재는 반으로 줄어들었고 그 대부분은 멕시코 만 바닥에 가라앉아 있다.

나는 농민들이 아이들에게 도랑이 커지기 전에 미리 대비하는 방법을 왜 가르쳐 주지 않는지 언제나 이상하게 생각해 왔다. 그러던 중 한 가지 답을 얻게 되었는데, 그것은 단기간의 이익을 위하여 토지를 임대한 사람들은 장래를 생각하지 않는다는 것이었다.

도랑이 생기고 그것이 크고 깊게 패면 다음 토지를 개간하면 된다. 도랑이 또 생겨도 다시 개간할 다른 토지가 있다. 그런 생각을 가진 사람들과 경쟁을 하면 단기간의 승부에서는 틀림없이 지고 만다.

나는 여기서 특별히 마지막 문장의 의미에 깊이 공감한다. 지금의 세계는 단기간의 승부에 길들여져 있는 사람들에 의해서 움직이고 있음이 분명하다. 어쩌면 이것은 인간 본능의 문제일지도 모른다. 모두 살아 생전 무엇인가를 이루고 싶으리라. 그렇다면 장기전의 승리는 어떤 철학으로 이루어 낼 수 있을까? 장기적으로 선택받을 수 있는 행위를 창출할 판단의 바탕에는 무엇이 있을까?

일찍이 우리 국토를 두루 살핀 이중환도 『택리지』에서, 무분별한 화전으로 숲이 황폐화되면서 침식된 토양이 강바닥에 퇴적되어 수심이 얕아진다는 사실을 확인했다.[31]

홍천에서 44번 국도를 타고 설악산 쪽으로 10분 남짓 가다 보면 구성포(九城浦)라는 마을이 있다. 그 마을 주유소 앞에는 '맛있는 막국수집'이라는 간판을 붙인 허름한 토속 음식점이 하나 있다. 이 집에 가서 막국수를 시키고 가위로 잘라 달라고 하면 "어디서 가짜만 먹고 와서 그런 주문을 하느냐"는 주인 아저씨의 호통과 함께 막국수에 대한 설교를 들어야 한다. 일흔이 넘은 주인아저씨는 커다란 아령을 12시간이 넘도록 쉬지 않고 18,882번 들어올린 기록을 지녔는데 당신만의 비법으로 하루 종일 할 수도 있다고 장담을 하시는 분이다. 그 특별한 기력 덕분에 텔레비전 방송에도 몇 번 출연한 적이 있는 그는 막국수집 간판 옆과 음식점 안에 방송 출연 경력을 자랑스럽게 게시해 놓았다.

내가 이 집과 인연을 맺은 지도 벌써 칠팔 년은 족히 되었다. 어느 날 주인아저씨에게 나는 이런 질문을 해 보았다.

"구성포라면 나루터라는 말이 아닌가요? 제가 보기엔 배를 띄울 정도로 물이 많지도 않습니다만……"

"원래 이곳에는 성이 아홉 개 있었답니다.[32] 구성이라는 이름은 거기서 유래되었지요. 그리고 옛날에는 서울 마포에서 오는 소금배가 바로 이 앞에까지 왔어요. 그러면 사람들이 강둑에서 밧줄로 배를 끌어올리곤 했답니다."

홍천이라면 내륙이라 길이 좋지 않은 옛날에는 무거운 소금을 공급받기가 쉽지 않았을 것이다. 그래서 마포에서 그곳까지 소금배를 운행했다는 말씀이다. 그러나 지금은 전혀 배를 띄울 만큼 물이 깊지 않다.

이 글을 쓰던 막바지에 나는 홍천군 홈페이지 자유 게시판에 다음과 같이 도움을 요청해 보았다.

"저는 서울대학교 환경대학원에서 생태학을 가르치는 교수 이도원입니다. 연구를 목적으로 홍천을 한 달에 한 번 정도 거쳐 가면서 구성포의 지명에 대한 궁금증을 버릴 수 없습니다. 구성포의 '포' 자가 나루를 의미하고, 소금배가 그곳까지 왔다는 얘기를 들은 적이 있는데 그 사실을 확인할 만한 자료를 구할 수 있을까요?"

그리고 며칠이 지나 다음과 같이 어떤 친절한 분의 답글이 올라와 있었다.

"저는 그곳에서 살았던 사람입니다. 지금 그곳은 자연환경 변화에 의하여 강에 물이 별로 없지만 20여 년 전만 해도 물이 많이 흘렀습니다. 그전에는 더욱 많이 흘렀겠죠. 저도 구성포에서 30여 년을 살았던 사람이며, 부모님으로부터 소금배가 드나들었다는 얘기를 들었습니다. 하지만 제가 알기로는 그것을 입증할 수 있는 사료는 찾기 힘들 것으로 생각되며, 구성포 신내(자연 부락)에 살고 계시는 노인 분들에게 확인하시면 됩니다. 참고로 신내 부락의 노인회장은 김수명(77세)이라는 분임을 알려 드립니다."

그 홈페이지의 다른 게시물에는 지역의 원로들이 화양강을 홍천강으로 잘못 알리고 있어 문제라는 소식도 올라와 있었다. 언젠가 임업연구원 신준환 박사가 이와 비슷한 말을 했던 사실을 기억한다. 이제 숙제가 하나 더 늘어났다. 지명의 내력에 포함되어 있는 생태적 함의를 더 찾아내자면 할 일이 많다.

아직 신내 마을의 노인회장을 찾아뵙지는 못했다. 그러나 홍천강에도 지금보다는 예전에 물이 더 풍부했다는 것은 좀 더 믿을 수 있게 되었다. 내 어린 시절 그 풍부하던 물이 어디론가 사라지고 전국의 작은 강들이 흉하게 말라 바닥을 드러내고 있다.[33] 이중환의 말대로 숲이 훼손되면서 얼마나 많은 토사가 밀려왔기에 강바닥이 이렇게 솟아나고 물은 줄어 버린 것일까? 일제 강점기와 한국전쟁을 거치며 황폐해졌던 산야가 하천 지형을 이렇게 바꾸는 데 충분한 근거가 되었을 것으로 짐작된다.

산경표에서 바라본 우리 땅줄기 개념을 복원하여 백두대간이라는 말을 활성화시킨 이우형 선생님도 오래전에 비슷한 말씀을 들려 주

1, 2. 채석장을 지난 빗물이 강한 산성을 띠게 되어 녹은 금속이 산도가 낮은 물을 만난 다음 강바닥에 침전되어 누런빛을 자아냈고, 그곳을 폐기하며 나무들을 심었으나 강한 토양 산성 때문에 모두 죽었다.[35]

셨다. 그분은 이 땅을 구석구석 돌아다니며 지형을 관찰하셨다.

그분이 언젠가는 커다란 독을 짓는 가마터를 발견하셨단다. 그런데 가마터 가까이에는 큰물이 흐르는 강이 있어야 하는데 그렇지 않았다고 한다. 매우 큰 가마는 육로로 옮기기에는 너무 무거워 뗏목을 이용하여 대도시로 옮기는 것이 보통이라는 말을 나는 그때 처음 들었다. 아무리 보아도 이상해서 허리가 굽은 할머니 한 분을 붙들고 사연을 물었더니, 옛날에는 가마터 바로 앞으로 물이 흘렀다는 것이다. 그런데 강물은 이제 저만치 아래로 볼품없이 흐르고 있었다. 지형이 바뀌어도 한참 바뀌어 강물은 저만치 멀어져 갔다. 강물도 줄었다. 세월이 지나 산천이 바뀌는 지형 변화, 그것은 결국 낮은 곳에 밀려온 침식물이 퇴적되고, 높은 곳이 깎이면서 생기는 현상이다.

충북대학교 환경공학과 이상일 교수의 안내로 찾아간 충북 보은군 내북면 이원리 구봉산 계곡의 이판암 채석장의 모습은 또 다른 생채기를 보여 주고 있었다. 채석장의 토양은 산도가 매우 높아 pH3.7 정도였다.[36] 긴 세월 동안 식물로 덮여 있던 그곳은 한때 채석장이 들어섰다. 채석 행위로 노출된 이곳에 비가 내리니 땅 위로 흘러가는 빗물(지표 유출수)의 산도는 흔히 우려하는 산성비의 산도와는 비교가 되지 않을 정도로 심했다. 산도가 높은 물은 토양에 함유되어 있던 금속류를 잔뜩 용해시켰다.

이 빗물이 아래로 흘러 산도가 낮은 강물과 만났다. 그곳에서 섞인 채석장 물은 중화되었다. 산성의 정도가 낮아지니 물에 잔뜩 녹아 있던 금속류는 강바닥에 가라앉았다. 이원리에서부터 보청천 바닥은 침전된 금속으로 마치 두껍게 페인트를 칠한 듯한 모습을 자아내었다. 두텁게 쌓인 침전물이 강바닥에 사는 물벌레들의 숨통을 조여 그들은 더 이상 살아남지 못했다. 물벌레를 먹어야 살 수 있는 물고기도 사라졌다.

1992년 가을 다시 그곳을 들렀을 때 채석장은 작업이 중단되어 보청천의 바닥은 옛 모습을 되찾아 가고 있었다. 그러나 작업을 끝내고 물러간 사람들이 파헤쳤던 땅에 꽂아 둔 나무들은 비참하게 말라 비틀어져 있었다. 아마도 채석 때문에 흉해진 땅에 다시 나무를 심어 놓아야만 하는 사정이 있었던 모양이다. 그러나 이미 그곳은 식물이 살기 어렵다는 사실도 고려하지 않은 채 애꿎은 묘목만 심어 놓고 간 것이었다. 나무가 살 수 없는 땅에 나무를 심어 두고 떠나간 사람들은 하지 않음만 못한 행동으로 다시 한 번 살생을 가했다는 사실을 알고 있었을까? ● ● ●

따로 보기 3
학문 선택과 정보 농도

'학문 선택'이란 개인의 전공 분야를 선택하는 과정과 학문 세계가 적자를 선택하는 과정의 상호 작용으로 학계의 성격이 결정된다는 의미를 나타내는 하나의 조어다.

우리가 속해 있는 학문 세계는 처음엔 구성 요소의 엉성한 모임으로 이루어지지만 성숙할수록 구성 요소 사이에 유기적인 관계를 이루어 하나의 돈독한 체계가 된다. 이것은 시간이 지남에 따라 기존의 구성원이 제외되고 또 새로운 구성원이 영입되는 과정의 결과이다. 흔히 개인 각자가 자신이 속할 학문 세계를 선택하는 것으로 볼 수 있지만, 그 개인의 선택을 유발하는 사회적 분위기는 학문 세계가 창출해 낸다. 따라서 개인이 자신의 분야를 선택하는 과정과 학문 세계가 적자를 선택하는 과정의 상호 작용이 존재한다. 이 과정에서 올바른 선택을 이루지 못하면 학문 세계 자체가 도태될 것이다. 나는 이 과정을 다윈의 자연선택(natural selection)에 빗대어 학문 선택(academic selection)이라 한다.[36]

이 학문 선택은 학자와 학계의 작용-반작용으로 이루어진다. 여기서 학계를 대표하는 것은 먼저 소위 전문가들로 구성되는 학회다. 이 학회에서 개인은 평가를 받는다. 따라서 학회는 더 상위 수준인 학문 세계의 흐름과 하위 수준인 회원들에 대해 올바른 판단력을 가지고 있지 않으면 도태된다. 이때는 개인과 학회가 속해 있는 더 높은 수준의 체계인 일반 사회도 학회와 개인을 평가하고 선택할 것임에 틀림없다.

자연 세계의 역동성은 물질의 반응에 기반을 두고 있으며, 학문 세계의 역동성은 정보의 반응으로 진행된다. 물질 반응이 물질과 물질의 만남으로 이루어지듯이 새로운 정보 창출에는 하위 수준의 정보와 정보의 만남이 필요조건이다. 무작위적인 운동에 기반을 두고 있는 물질과 물질의 만남은 주어진 공간에 포함된 물질의 양이 많을수록 만날 확률이 높다. 비록 정보와 정보의 반응이 무작위적인 이동과 무관할 수도 있지만 주어진 정보 공간에서 정보의 양이 많을수록, 그리고 정보의 이동이 많을수록 서로 부딪칠 가능성이 높아진다. 생화학적 반응 속도가 반응 물질의 농도에 비례하듯이 인간 세계의 문제는 그와 관련된 정보의 농도가 짙을수록 해결될 가능성이 커진다.

그래서 나는 정보 농도(information concentration) 또는 정보 밀도(information density)라는 말을 만들었다.[37] 물질의 농도를 '용질 무게/용액 부피'로 정의하듯이 정보 농도는 관여되는 '정보의 크기/문제의 크기'로 정의할 수 있다. 해결해야 될 문제의 크기는 외부에서 주어지거나 개인 또는 집단이 임의로 설정하는 반면에 사용할 정보의 크기는 관여하는 사람의 능력과 노력에 의해서 결정된다.

정보 농도의 증가는 새로운 정보 산출에 필요조건이기는 하지만 필요충분조건은 아니다. 정보와 정보가 만나 반응하기 위해서는 활성화 에너지와 활성화 정보가 동시에 충족되어야 한다. 모든 가공 또는 변화에는 에너지가 필요하다. 화학 반응이 일어나기 위해서는 초기의 활성화 에너지가 충족되어야 한다. 그런 의미에서 정보 반응이 일어나기 위해서는 활성화 정보가 필요하리라 추측된다. 그러나 활성화 정보는 혹시 다른 곳에서 정의되었는지 모르지만 아직 내 사전에는 정의되어 있지 않는 막연한 개념임을 밝혀 둔다.

학문 세계에서는 당연히 집단 선택(group selection)[38]이 존재한다. 더구나 환경 문제와 같이 복합적인 난제가 대두되면 집단 선택이 발휘될 가능성은 더욱 짙어진다. 개인이 가진 정보 무게가 제한적인 상황에서 여러 사람의 정보가 모여 무게를 키우는 방식이 정보 농도를 증가시키는 하나의 대안이다.

학문 선택은 정보와 정보의 만남을 원활하게 하고, 동시에 활성화 에너지와 활성화 정보를 충족시켜 줄 수 있는 집단에 유리하게 작용할 것이다. 그러기에 학문 상호 간의 협력으로 주어진 문제를 해결하는 연구 집단이 선택되는 방향으로 역사는 진행되지 않을까? 다만 정보와 정보의 만남이 점점 물리적인 공간의 제약에서 벗어나고 있다는 점에서 정보를 지배하는 원리는 물질 원리와 구별되는 특징을 가지고 있다. 圭

땅과 물은 한 통속이다

땅에서 물로 물질이 이동하는 현상은 땅을 거처로 삼고 살아가는 생물의 입장에서 보면 손실이다. 논이나 밭에서 영양소들이 떠나가는 것은 우리에게 있어서 자원의 손실이며 생산성 저하의 원인이 된다. 영양소 유실에 대응하여 농부는 매년 논밭에 비료를 주어야 한다. 비료를 주는 행위는 거저 되는 것이 아니다. 돈을 들여야 하고 인력이나 동력을 소비해야 한다.

비가 오면 영양소는 물에 녹아 있는 상태로 씻겨 갈 뿐만 아니라 흙 알갱이에 흡착된 상태로도 유실된다. 따라서 침식으로 토양을 잃으면 영양소도 잃게 된다. 아래 표의 자료를 기준으로 할 때 논이나 밭에서 점토 1킬로그램을 유실하면 대략 인 3그램, 칼륨 25그램, 칼슘 34그램을 잃게 된다. 물론 토양 입자에는 질소 등의 여러 가지 다른 영양소들도 안착되어 있다.

표 1 온대 다습 지역 토양에서 분리한 모래, 미사, 점토에 들어 있는 인, 칼륨, 칼슘 농도(%)

입자 물질	인	칼륨	칼슘
모래	0.05	1.4	2.5
미사	0.10	2.0	3.4
점토	0.30	2.5	3.4

(자료: Brady & Weil, 2002)

1, 2. 같은 날 찍은 사진에서 소양호 표면의 물은 깨끗하지만 댐 아래로 흘러가는 물은 황토빛이다.[30]

이러한 영양소 이동은 물의 입장에서 보면 좋은 선물일 수도 있다. 그러나 선물의 값과 양이 지나치면 결코 바람직하지 않다. 물의 부영양화로 번성하는 남조류들은 독성 물질을 분비하여 물고기를 위협하고, 심지어는 물을 마신 소를 죽이기도 한다. 조류의 왕성한 광합성은 과량의 유기물 생산을 초래하고, 필경 물이 썩는 결과를 가져오게 된다. 또한 물이 썩으면서 산소를 소모하고 혐기성 분해 산물을 생산하여 언짢은 냄새를 풍기게 된다. 우리는 이런 현상을 수자원의 부영양화라고 한다.

지표 유출수와 강물에 실려 떠내려가는 흙 알갱이는 속도가 느린 강이나 저수지에 이르면 침전된다. 이렇게 되면 본래 물을 저장하기 위해 만든 저수지에 토사가 저장되어 저수지의 용량이 감소된다. 이것은 인간의 입장에서 보면 분명히 손해가 되는 일이다. 저수지를 버리지 않으려면 준설을 해야 한다. 준설은 거저 되지 않는다. 돈과 에너지를 들여야 한다. 에너지를 얻자면 화석 연료를 태우거나 원자력을 이용해야 하는데 이것은 그만큼 더 우리의 환경을 오염시키게 된다.

수심이 깊으면 표층은 따뜻해지고 햇볕이 미치지 못하는 호수 바닥과 가까운 곳은 낮은 온도가 유지되어 성층화가 일어난다.[40] 홍수 때 상류 계곡에서 흘러내린 흙탕물은 표층보다 온도가 낮아 호수의 위로 가지 못하고 중간 지점으로 파고든다. 이렇게 파고든 흙탕물은 비중이 높은 아래의 차가운 물 밑으로는 내려가지 못하고 어중간하게 떠 있는 꼴이 된다. 이 흙탕물 때문에 홍수 철이 한참 지난 다음에도 수문(水門)을 빠져나가는 물은 깨끗하지 않다. 침적토는 강바닥을 덮고, 하천 생태계를 골탕 먹인다.[41]

이런 현상을 막자고 호수를 쳐다보고 무언가 시도한다고 해도 그것이 그렇게 칭찬할 일은 아니다. 그런 문제는 유역의 상류 지역을 돌보지 않는 이상 끊임없이 일어나기 때문이다. 그런 까닭에 유역 전체의 토지 이용과 사람들의 행위를 좌우하는 정책으로 다스려야 한다.

이러한 모습들을 대하면서 나는 학문의 세계를 넘어, 지금은 일그러져 있는 땅과 초목의 아름다웠던 옛이야기에 대한 상상을 펼쳐 본다.

태초에 태양과 하늘, 그리고 땅과 물이 있었다. 그중에서 유독 태양이 장난꾸러기였다. 내리쬐는 태양은 때로는 자신만의 힘으로 때로는 바람을 이용하여 땅을 아주 조금씩 하늘로 날려 보내기도 했다. 물은 조용히 한곳에 머무르고 싶었지만 내리쬐는 태양이 가만 두지 않았다. 태양은 물을 하늘과 땅으로 오르락내리락 움직이게 만들었다. 그때마다 물은 혼자서 다니기 심심하여 땅의 일부를 친구 삼아 낮은 곳으로 동반했다. 남아 있는 땅은 그들의 일부가 그렇게 어디론가 떨어져 가는 것이 싫었다. 그리고 마냥 왔다가 자신의 일부를 떼어 가는 햇빛과 물이 원망스럽기도 하여 함께 붙들어 둘 궁리를 했다. 땅은 여러 가지 궁리 끝에 물과 땅의 보유 장치 개발을 시도했다. 시도하고 시도하여 스스로 옷을 입는

것이 가장 좋은 길이라는 것을 깨달았다. 그것을 후세에 사람들이 이름하여 땅옷[地被]이라고 했다. 태양과 흙, 영양소, 그리고 물을 잡아 두는 데는 땅옷이 더없이 좋은 수단이었다.

땅옷이 출현하면서 태양은 장난의 전략을 바꾸어야 했다. 한편으론 물을 매개로 땅과 다투고 한편으론 땅과 화해를 해야 했다. 물은 땅이 바라는 대로 자신의 일부를 땅에 남겨 놓고, 일부는 본래의 속성대로 저 넓은 세상을 보기 위해 바다로 바다로 여행을 계속했다. 그것은 바로 땅과 물, 그리고 태양이 화합하여 공동 사회를 이루어 가는 과정이었다.

세월이 가면서 땅은 더욱 다양한 땅옷을 이루어 갔다. 태양도, 물도, 하늘도 땅이 좋은 옷을 마련해 가는 과정에서는 빠뜨릴 수 없는 좋은 친구였다. 그리하여 함께 어우러져 살아가도 좋을 착하고 다양한 땅옷의 친구들을 만들어 갔다. 그 친구들 중에는 자기가 마음먹은 대로 옮겨 갈 수 있는 무리들도 생겼다. 그러나 항시 그러하듯이 모든 것이 공동 사회의 뜻대로 되지는 않았다. 친구들 중에는 난폭한 녀석들도 나타났다. 잘 어우러져 놀던 착하디 착한 친구들도 때로는 갑자기 짜증을 부리기도 했다.

그중에서 사람이라는 친구가 가장 말썽꾸러기였다. 한동안 잘 어울려 지내다가는 어느 날부터 갑자기 제멋대로 굴기 시작했다. 더구나 사람은 마음먹은 대로 땅옷을 벗겨 버리는 탁월한 재주를 가지고 있었다. 사람은 그 재주를 개발하고부터는 스스로 더이상 땅옷의 따뜻한 친구이기를 거부했다. 그리하여 땅옷은 점점 잘려 나가고 친구들은 서로 헤어져야 했다. 사람이 자기 마음대로 하는 만큼 물도 제멋대로 땅을 잘라 가고자 했다. 결과적으로 화합이 미덕이던 공동 사회는 다시 퇴행하기 시작했다. 땅과 땅옷은 이 불화가 어디까지 갈 것인지 알 수 없어 안타까웠다.

1. 땅옷은 땅을 보호한다.[42] 수많은 록클라이머들이 찾는 세계적인 암벽 스미스록(Smith Rock) 주변에서도 토착 식물이 침식을 방지한다는 안내를 하고 있다(미국 오리건 주).

2. 숲을 베어 내면 많은 토사가 생긴다.[45] 사진에서는 벌목한 지역 아래쪽 개울에 그물을 쳐 놓고 쌓여 가는 토사의 양을 가늠하기 위해 하얀 색 자를 꽂아 놓았다.

지금은 제멋대로 까불고 있지만 어쩌면 사람들은 태양의 장난에 놀아나고 있는 매체 정도가 아닐까 하는 상상도 언뜻 해 본다. 이 세상에서 땅거죽의 변화를 일으키는 대부분의 힘은 태양 에너지에서 비롯되고, 사람들의 활동도 화석 연료라는 과거에 저장되었던 태양 에너지에 의해 대부분 수행되고 있다.

이와 같은 동화도 신화도 아닌 애매한 글이 나타내는 상징성은 다음의 글을 통해서 어느 정도 전달될 것이다. 바라건대 이 글 읽기가 끝나면서 그러한 상징성에 대한 이해가 조금씩 증가할 것이다. 그 이해의 증가 정도가 바로 글에 대한 이해 정도를 평가하는 기준이 되기도 할 것이다.

땅옷은 그 뜻대로 '지피'라고 했지만 '식피(植被)'라는 단어와 같은 의미를 가진다. 전자가 땅을 감싸고 있는 옷과 같다는 뜻이라면, 후자는 식물로 된 옷이라는 뜻에서 그렇게 부른다. 마치 우리의 피부가 몸의 내부를 보호하고 옷이 몸뚱이를 감싸고 있듯이 땅옷은 땅을 감싸서 보호한다. 이런 땅옷이 벗겨져 나가거나 허술해지면 땅은 물이나 바람의 공격에 취약해진다. 그것을 우리는 침식 또는 풍식이라 한다.

땅옷은 흙을 보호하는 동시에 그곳에 자리 잡고 있는 영양소들이 떠돌아다니는 것을 방지한다. 여기서는 편의상 땅의 성분이 떨어져 가는 상황을 쉽게 볼 수 있는 토양 유실을 중심으로 소개했다. 그러나 물에 녹아서 흘러가는 상태의 영양 물질도 땅옷이 잡아 준다는 사실을 간과해서는 안 된다. 아무튼 이 잡아 주는 과정을 통해서 땅옷은 식물과 동물, 그리고 미생물들이 질서를 가지고 영양소를 나누어 가질 수 있도록 보호한다. ● ● ●

따로 보기 4
생태계 수준의 진화는 가능한가?

고전적인 다윈의 자연선택은 개체의 유전될 수 있는 표현형에만 작용한다.[44] 반면에 상호 교배를 하지 않는 둘 또는 그 이상의 생물들이 밀접한 생태적 관계를 가지고 자연선택에 영향을 주는 경우를 공진화(coevolution)라 한다. 공진화의 범위 이상에서 작동하여 직접적으로 상리공생을 가지지 않은 생물 집단들 사이에서 일어나는 경우는 집단 선택(group selection)이라 한다. 일반적으로 개체 또는 개체군 수준에서만 자연선택이 작용한다는 주장이 우세하지만 나는 개인적으로 집단 선택을 긍정하는 편에 서 있다.

리처드 도킨스(Richard Dawkins)는 그의 책 『이기적 유전자』에서 자연선택의 단위를 유전자에 두고, 많은 현상이 개체 선택보다는 유전자 선택에 의해서 더 잘 설명되며, 집단 선택을 주장하는 사람들은 진화를 모르는 사람들이라고 일축했다.[45] 그러나 나는 그의 해석을 약간 다른 관점에서 본다. 유전자 선택이 있다면, 도킨스가 상상력을 발휘하여 책의 앞부분에서 유전자가 출현하기 전에 일어난 화학적 진화를 설명한 것처럼,[46] 생명의 진화 과정에는 다른 분자 선택의 가능성도 있지 않았을까?

이를테면 지금의 생명과학에서는 뉴클레오티드가 많은 분자 후보들 중에서 선택되어 유전자를 구성하는 것이 당연해 보이지만, 생명의 구성 요소로서 선택되기 전에는 여러 경쟁자들 중의 하나였다고 보는 것이 타당하다. 어느 분의 표현처럼 유전자의 전쟁이 지금도 진행되고 있다면 뉴클레오티드는 타의 추종을 불허하는 분자 전쟁의 마지막 승자가 되었다. 그리고 작은 단위들의 전쟁 또는 자연선택이 끝난 다음

◀ 저마다 다른 돌들의 어우러짐.⁴⁸⁾ 들쭉날쭉 크고 작은 돌이 그럴듯하게 어울리기까지 얼마나 많은 겨룸과 선택 과정이 있었을까? 생명의 역사 속에 출현했던 분자들 중에서 선택된 유전자와 단백질도 수많은 겨룸을 거쳐 짝을 이루지 않았을까?

보다 큰 단위들의 무대가 시작되었다.

그러나 생명의 진화 과정에 오직 전쟁만이 있었던 것은 아니다. 멋진 화합의 장도 분명히 존재했다.⁴⁷⁾ 이를테면 어떤 요소는 생존 전쟁에서 혼자서 이기는 수도 있으나, 대부분의 경우에는 멋진 외교 능력을 가진 실체가 살아남는다. 분자들의 전쟁에서 최후의 승리는 절묘한 공생 관계를 이룬 유전자와 단백질에게 돌아갔다. 유전자와 단백질의 긴밀한 공조 관계는 당연히 그들의 물리적 구조와 화학적 정보 전달(communication, 이를테면 전자의 분포와 전하 형성) 과정의 절묘한 어우러짐으로 가능했다. 그리고 승리자들은 모든 경쟁자를 물리치고 아름다운 문화를 이루었다. 그 결과가 바로 오늘날 살아남은 개체들이다.

권모술수가 판치는 싸움터에서 대부분 최후의 승리는 멋진 동반자를 찾는 재주를 가진 자에게 돌아간다. 잠시 책을 접고 삼국지의 승자들을 생각해 보라.

유전자가 단백질의 도움 없이 살아남을 수 있었을까? 어림없는 소리다. 진화의 세계에서 모든 힘을 유전자에게 안겨 주는 것은 아무래도 좀 심하다. 그런 의미에서 오늘날의 생명과학은 잠시 유전자로부터 한 발자국 물러서서 보면 진화의 다른 모습을 보게 될지도 모른다.

그러면 처음부터 유전자와 단백질은 구조적으로 절묘한 짝을 이룰 수 있었을까? 그럴 수도 있다. 그러나 나는 그 가능성은 크지 않았으리라고 본다. 결국은 유전자도 조금, 그리고 단백질도 조금씩 옛 모습의 일부를 양보하고 서로가 맞을 수 있는 방향으로 타협해 가지 않았을까? 그들 조상 물질의 화학적 구조가 조금씩 변이를 거쳐 완벽한 궁합을 이루는 방향으로 진화했으리라고 보는 것은 지나친 억측일까?

살아남은(자연선택된) 개체는 선택된 유전자들이 이룩한 고도의 공생 관계를 본받으며 지속될 수 있었다. 유전자와 단백질로 구성된 새로운 실체들은 공생으로 미토콘드리아나 엽록체를 이루고, 이들 세포 기관들은 다시 다른 세포 기관들과 공생으로 개체를 이루었다.

아무튼 뉴클레오티드가 생명체의 구성 요소로서 존재하는 것은 아직까지 그것을 밀어낼 어떤 경쟁자도 나타나고 있지 않다는 뜻이지, 생명의 역사에서 영원히 다른 경쟁자가 없으리라는 뜻은 아니다.

요컨대 분자들의 전쟁에서 선택된 뉴클레오티드는 유전자를 이루었고, 그 유전자들이 모여 더 상위의 생명 단위를, 나아가 그 단위들은 보다 더 큰 단위를 이루고 있다. 이 경우 모든 단위에는 자연선택의 손길이 뻗치고 있지만 단위가 클수록 선택의 힘이 약화된다. 이것은 작은 단위들 사이의 관계를 규정하는 결합력(bond strength)이 큰 단위 사이의 그것보다 강하기 때문이다.[49] 자연과학적인 측면에서 관계의 강약 또는 연결성은 결합손의 에너지 크기로 규정하지만, 문화적인 측면까지 고려할 때는 두 단위 사이에 흐르는 물질과 정보의 양으로 정의될 수 있으며, 다른 개념에 의한 측정 방법도 기대해 볼 만하다.

아무튼 내 육신에서 세포와 세포 사이의 관계는, 상위 단위라고 할 수 있는 나와 다른 사람들의 관계보다 강한 결합력을 갖고 있다. 내가 다른 한국 사람들과 가지는 상호 관계는 내가 일본이나 다른 나라 사람들과 가지는 관계보다 더 강하다.
이런 까닭으로 상위 단위 사이의 관계일수록 상대적으로 떼어 놓기 쉽다. 개체 수준 이상에서 이루는 관계는 한쪽이 무너져도 다른 쪽이 대안을 찾을 수 있는 경우가 많다. 그러나 유전자와 단백질 중 하나를 없애 버리면 다른 쪽의 지속 가능성은 불가능하다. 이는 작은 단위일수록 고유성이 큰 반면 큰 단위일수록 융통성이 크다는 것을 의미한다. 융통성이 크다는 말은 자신의 근본적인 속성은 지니고 있을지언정 일부는 바뀔 여지가 있다는 뜻이기도 하다. 거꾸로 상위의 큰 단위들이 자신의 속성을 고집스럽게 유지하려면 하위의 구성단위보다 더 힘을 들여야 한다. 그런 까닭에 이기적(고집스러운) 유전자라는 말은 당연하다. 사실 유전자보다는 원자들이 더 고집스럽다. 결과적으로 자연선택이 위계가 다른 단위에 작용할 때 작은 단위일수록 강한 힘이 미치지 않으면 영향력을 발휘할 수 없다.

반면에 내 세포의 운명은 내 자신의 운명에서 벗어날 수 없다. 내 자신 또한 내가 속하는 사회와 지구의 운명과 무관할 수 없다. 이것은 상위 단위들이 하위 단위들의 자연선택에 영향력을 미치고 있는 하나의 보기이다.

그러기에 각기 다른 생명의 단위에 작용하고 있는 자연선택의 힘은 각 수준에 맞는 서로 다른 차원에서 고려해야 한다. 유전자 선택이나 개체 선택 그리고 집단 선택은 각기 다른 차원에서 검토되어야 할 개념이지 진화를 설명하는 데 어느 것이 더 설득력 있다는 말은 아니다. 다만 차원을 유전자나 생물 개체에 맞추고 있을 때 집단 선택은 상대적으로 작용력이 약하기 때문에 확인하기 어렵거나, 현상을 단순화하여(이는 학문 세계 기본에 깔려 있는 이론 또는 모형 도출 과정에 필연적으로 나타난다) 설명을 쉽게 하기 위해 무시해도 좋을 때가 있을 뿐이다.

그런 의미에서 자연에서 일어나고 있는 집단 선택 가능성을 아예 무시해 버리자는 것은 지나친 주장이다. 오히려 각기 다른 차원에서 작용하고 있는 자연선택압의 특성을 규명하고 진화 과정을 조명해 보면 새로운 활로가 열릴지도 모른다.

이제 집단 선택이 이루어질 수 있는 몇 가지 개연성을 주장하고자 한다.

참으로 오래전 분자들이 전쟁하던 시절에는 개체 수준의 선택은 상상할 수 없었다. 그때 분자들은 말하지 않았을까? "자연선택은 분자 수준 이상에서는 일어나지 않는다."라고. 그러나 유전자와 단백질이 공조 관계를 이루고 세상을 평정했을 때 그들은 일찍이 만연하던 이론을 바꾸지 않을 수 없었다. 선택은 분자 집단에서도 작용할 수 있다.

사실 개체 수준의 선택도 따지고 보면 긴밀한 관계를 이룬 두 가지 생물의 집단 선택이다. 오늘날 세상에 존재하는 동물은 미토콘트리아 개체와 숙주인 동물 세포의 긴밀한 공생 관계로 이루어졌다는 것을 수용하는 수준이라면 이 말을 반박할 이유가 없다.

식물과 동물은 복잡한 상호 작용을 하고 있어, 때로 이 작용이 무너지면 둘 모두 사멸될 수도 있다. 이를테면 나무가 죽음으로써, 그 나무의 씨를 먹고 살며 씨의 발아를 용이하게 하는 상리 공생 관계를 가지고 있던 새 도도(*Raphus cucullatus*)도 따라서 사멸한 경우가 바로 그 보기이다. 거꾸로 도도가 멸종됨으로써 도도에 번식을 의존하던 나무(*Calvaria major*)도 사멸 위험에 빠졌다는 보고도 있다.[50] 이 나무의 열매는 두꺼운 외피를 가지고 있어 도도의 모래주머니를 통과하며 마모됨으로써 발아되었는데, 도도가 없는 지난 300년 동안 자연 발아를 하지 못했고 이제는 사라질 위기에 놓였다는 것이다.

도도는 몸무게가 적어도 12킬로그램은 되었으며 최대 약 23킬로그램에 육박하여 타조보다 조금 컸던 새였다. 그들이 살고 있던 인도양 서부 마다가스카르 가까이 있는 모리셔스 섬에는 천적이 될 만한 포유류가 단 한 마리도 살고 있지 않아 날개가 퇴화되어 날지를 못했다. 그런데 그들이 살던 천혜의 보금자리에 포르투갈 선원들이 1507년에 처음으로 도착했고, 16세기 말에 당도한 네덜란드인들에게 받게 된 무자비한 대접을 견디지 못하고 1690년 무렵에는 지구상에서 멸종되었다. 지금은 유럽의 박물관에 2개의 머리와 부러진 다리, 그리고 많지 않은 골격과 그림으로 남아 있어 도도에 대한 이야기는 불확실성 속에 가려져 있다.[51]

이와 같이 두 종의 밀접한 진화를 다루는 경우는 공진화의 보기이다. 이것은 한 종의 도태[52]가 다른 종의 도태를 불러올 수 있다는 사실을 의미한다. 나아가 하나의 핵심적인 종이 생물 군집의 형성에 지대한 기능을 하고 있는 경우 그 종을 중추종(keystone species)[53]이라 한다. 이 중추종의 개념은 한 종의 도태가 소속된 군집을 바꿈으로써 다른 종을 도태시킬 수 있다는 우려에서 나온 개념이다.

또한 생물다양성을 주장하는 마음 깊은 곳에도

집단 선택이 존재한다는 가정이 자리잡고 있다. 우리 시대에 공존하는 생물이 인류가 자연 선택되는 데 아무런 영향력이 없다면 우리는 그것을 걱정해야 할 하등의 이유가 없다. 우리가 생물다양성의 가치를 경제적, 심미적, 환경적, 윤리적 측면으로 나누어 따져 보기도 하지만 결국은 다양한 생물들의 공존이 인류의 삶에 공헌한다는 주장이다. 그 주장의 바탕에는 아마도 공존하는 생물들과 함께 선택될 것이라는 의식이 인류의 마음속에 자리하여 실제로 작용하고 있기 때문이 아닐까? 소위 해충을 싫어하는 인류가 자신의 생존이 급한 상황에서마저 다른 생물의 권리를 보호해 줄 것 같지는 않다. 함께 선택될 것이라는 무의식이 존재할 때 진정한 자연보호가 가능할 것이며, 그 구호는 집단 선택을 옹호하는 마음의 표현이라면 지나친 비약일까?

우리가 유전자의 산물이라면 분자들의 전쟁에서 유전자가 최후의 승리자가 될 때 익힌 재주를 더 상위 수준으로 연장하는 것은 당연하지 않은가? 왜냐하면 우리 안에 담긴 유전자에 그 교훈이 고스란히 들어 있기 때문이다. 그 교훈이란 지속 가능하기 위해 바로 절묘한 동반자를 찾는 일이다. 따지고 보면 '선택된다', '살아남는다', 그리고 '지속 가능하다'라는 말의 겉모양은 다르지만 속내는 같다. 生

어우러진 풀과 나무

점봉산에 첫발을 들여놓은 지도 벌써 10년이 넘었다. 그리고 나는 지금도 한 달에 한 번꼴로 그곳에 간다. 점봉산은 설악의 남쪽에 자리하여 일명 남설악이라 불린다. 지도를 펼쳐 놓고 보면 미시령, 마등령, 대청봉으로 이어지는 설악 북주능을 타고 내린 백두대간은 대청에서 서쪽으로 달리다 한계령에서 다시 남하한다. 그 백두대간이 점봉산을 만나면 이제 동쪽으로 낮게 내려 단목령을 지난 다음 제 방향을 잡아 조침령으로 이어진다.

흔히 점봉산에 접근하는 길은 한계령이나 오색 주변에서 시작한다. 김재규가 공병대의 젊은 장정들의 목숨을 희생시켜 가며 공사를 강행하여 뚫은 44번 국도 덕분에 오색까지 이르기는 쉬워도 일단 산을 들어서면 경사가 급하여 오르기가 힘들다.

한계령에서 점봉산 꼭대기까지 백두대간을 따라 남하하는 길은 오르락내리락 굴곡이 심해 걷기가 좀 힘들다. 그러나 그러한 변화를 즐길 수 있는 산꾼이라면 권해 볼 만한 길이다. 한계령-필례 약수로 이어지는 길의 능선에서 시작하는 산행은 조금만 가다 보면 가벼운 암벽 등반도 곁들여야 할 정도다. 그러나 그 험한 정도는 다행히 그렇게 오래 계속되지 않는다. 조금만 견디어 내면 고도가 높은 능선 길에서 주변 전망을 즐길 수 있다. 특히 겨울엔 유난히 많은 눈 위로 내리막길을 미끄러져 내려오면 즐거움이 더한다. 낮은 남사면 길에는 조릿대 밭이 빽빽하여 조금 귀찮기는 하지만 몸과 부딪쳐 일어나는 사각거리는 소리는 이곳 백두대간에서 즐길 수 있는 특별한 묘미다.

오색에서 주전골을 따라 올라 백두대간을 만나면 남쪽으로 점봉산과 이어지는 길은 얘기는 많이 들었지만 직접 산행을 해 보지는 않았다. 오색에서 단목령과 정상 사이로 올라 백두대간을 따라 서쪽으로 정상에 이어지는 길 또한 오르기가 쉽지 않다. 그러나 겨울엔 하산 길로 택하면 위험하기는 하지만 엉덩이를 깔고 앉아 썰매 타듯이 미끄러져 내려오는 재미가 쏠쏠하다.

귀둔에서 접근하는 방법은 두 가지로 나누어 볼 수 있다. 먼저 용수골로 들어가 정상으로 이어지는 길이 있으나 아직 나는 시도해 보지 못했다.[54] 그리고 곰배골과 곰배령으로 이어지는 노정도 재미가 있다. 여기서는 가칠봉에서 뻗어 오는 가파른 비탈에 자리 잡은 오래된 전나무의 위용과 함께 여름엔 시원하고 겨울엔 험난하지 않은 눈길을 즐길 수 있다. 곰배령에 이르기 직전 빽빽이 들어선 크고 작은 참나무 숲의 모습은 겨울에 보면 특히 장관이다. 곰배령에서 정상으로 이어지는 길은 처음엔 약간 가파르다. 그러나 잠깐만 참으면

1. 점봉산 부근을 보여 주는 지도.
2. 한계령의 도로 건설 기념탑.[55] 한계령에서 설악산 쪽으로 백두대간을 따라 조금만 오르면 있다. 건설 책임자였던 군단장의 이름은 1979년에 일어났던 12·12사태 이후 탑에서 지워졌다. 과연 그럴 필요가 있었는가? 이 또한 이 땅에 사는 사람들의 때묻은 마음의 표현이다.
3, 4. 근래에 매스컴을 타서 유명해진 곰배령.[56]

그다지 숨 가쁘지 않게 오르게 된다. 무엇보다 능선 길이 점봉산 정상에서 단목령으로 이어지는 백두대간보다 오히려 높이 솟아 있어 멀리 보이는 대청봉과 함께 주변 전망을 즐길 수가 있다.

백두대간에 싸여 있는 진동계곡 깊숙이 먼저 차로 오른 뒤 산행을 시작하면 경사가 완만하여 어디로 가든 걷기가 쉽다. 그러나 현리에서 방동을 거쳐 30킬로미터 정도 올라가는 길은 한동안 비포장도로여서 발길이 뜸했던 곳이다.

한계령에서 양양으로 가다가 오색을 지난 다음 논화리에서 오른쪽으로 꺾어 56번 국도로 홍천 가는 길을 잡는 것도 한 가지 접근 방법이다. 여유가 있으면 선림원터[57]를 구경하고 서림에서 백두대간을 기어올라 조침령을 넘으면 진동계곡에 이를 수 있다. 이처럼 진동계곡으로 들어가는 길은 지금까지도 험하여 사람의 발길을 거부하고 있다.

현리와 양양으로 이어지는 도로 확장과 포장 공사는 1994년을 전후한 어느 때쯤 시작하여 몇 년을 끌더니만 이제 거의 마무리 시기가 되어 사람들의 접근을 수월하게 하고 있다. 거기다가 백두대간에 구멍을 뚫어 동쪽에 위치한 남대천 물을 서쪽으로 퍼 올리는 양수발전소 공사도 찻길을 넓히고 다듬어 사람의 길을 터놓았다.

필경 이 행사들은 남아 있는 아름다운 강산에 무자비한 인간의 발길을 더하리라. 유네스코가 지정한 자연 보전 지구이며 산림청이 지정한 유전자원 보존림에서 외지인의 멧돼지 사냥은 아무리 보아도 납득이 가지 않는 행위지만 가끔씩 목격되는 일이었다. 길이 좋아지니 산행과 봄나물 뜯기를 겸하는 산행이 해마다 늘어나 주민들의 원성이 쌓이고 있다.

어느 해 산악회에서 함께 산을 다니던 후배가 직장 동료 30명을 데리고 봄나물 뜯기 행사를 점봉산에서 하겠다고 하기에 간곡히 말

린 적도 있다. 그곳엔 이미 환경 단체의 반대를 무릅쓰고 백두대간 동쪽으로 흐르는 남대천 물을 서쪽으로 끌어올리는 양수 발전소 건설이 한창이다. 인공위성에서 내려다보면 제법 널따란 숲 속에 구멍이 뻥 뚫린 모습으로 나타난다. 나중에 소개할 경관생태학에서는 그런 현상을 '서식지 구멍내기[穿孔]'라고 한다. 이것은 또한 야생 동물의 기세를 꺾는 한 가지 길이기도 하다.

2001년에는 점봉산 숲 일대가 국립공원으로 합류된다는 소문이 퍼져 더 많은 집들이 강선리에 들어섰다. 지금은 커다란 별장도 만들어지고 있다. 그러다 보니 강선리로 이르는 길도 넓혀졌다. 법이 정하는 범위 안에서 사람들은 개인의 삶을 최대한 누리고자 하나 산은 그렇게 망가지고 있다.

얼마나 많은 사람들이 그곳을 망치려 하는지 알 수 없어 불안하기만 하다. 아무래도 이제는 그곳을 천연 보호림으로 지정했던 산림청이 나서야 할 때이다.

양수 발전소 위치를 지나 4킬로미터 정도 터덜거리며 단목령을 향해 오르면 더 이상 자동차의 전진을 거부한다. 이곳이 삼거리라는 곳이다. 삼거리에서 정상으로 가는 길은 크게 두 가지로 나눌 수 있

1. 점봉산에서 본 남대천 양수 발전소 상부 댐.
2. 양수 발전소 건설 현장.
3, 4. 남대천 양수 발전소 상부 댐 부지를 만드는 동안 베어 낸 나무와 비가 오는 날 생긴 흙탕물.[58]
5. 인공위성에서 본 점봉산과 양수 발전소 댐.[59]
6. 유전자원보호림 가운데 사유지로 들어서는 건물은 한 가족이 살 집은 아닌 듯하다.[60]

다. 강선리 계곡을 따라 정상으로 바로 올라가든지, 너른이계곡이나 단목령을 거쳐 백두대간을 따라 북상해도 좋다. 다만 백두대간을 따라 오르는 길은 지형이 희한하여 길을 잘못 들기 십상이라 주의해야 한다. 제법 산꾼이라는 사람들이 백두대간 종주를 한답시고 표식기를 붙여 놓았는데 잘못된 것이 많으니 믿으면 낭패를 볼 수도 있다.

어느 쪽으로 가든 4월 말에서부터 5월 중순까지 삼거리에서 점봉산 정상으로 이어지는 길가의 풍경은 감미롭다. 큰 나무에서 잎이 나기 전 숲 바닥을 수놓은 봄꽃들은 아직 남아 있는 금수강산의 모습일까. 3월 초 복수초를 시작하여, 노루귀와 얼레지, 바람꽃, 한계령풀이 어우러져 땅을 덮는다. 그러나 큰 나무에서 잎이 나기 시작하면 황홀하던 꽃들은 흙으로 돌아갈 준비를 한다. 짧은 시기에 잎과 꽃을 피우고 열매를 맺는 이 봄꽃들은 무슨 조화일까?

5월 중순 큰 나무들의 새싹이 돋기 시작하면 숲 바닥의 봄꽃들은 그 화려한 시대를 마감한다. 5월 초의 황홀했던 모습은 사라지고 사람의 눈에는 조금 투박하고 억세 보이는 다른 식물들이 봄꽃들을 밀어낸다. 서로 공간과 햇빛을 다투지 않기 위해서는 이처럼 먼저 온 세대가 다음 세대들을 위해서 물러나는 것이 자연스럽다. 이른 봄에

1, 2. 이른 봄 큰 나무들의 잎이 나기 전에 점봉산 숲 바닥을 장식하는 한계령풀과 얼레지의 군락.[61]

1

2

한 세대를 마치는 식물들은 뒤이어 오는 식물들과 삶의 시기를 달리함으로써 나름대로 역할 분담을 하고 있는 것이다. 우리 세대가 다음 세대의 발판으로 정보를 가공하여 물려주듯이 먼저 온 식물은 뒤에 따라올 식물을 위한 준비 작업을 할 것이다.

작은 봄풀들은 이른 봄 큰 나무들이 기지개를 켜기 전에 눈이 녹은 물에서 영양소들을 한발 앞서 포착한다. 그 영양소를 이용하여 광합성을 하고, 열매를 맺고, 어우러짐으로써 보유하고 있던 영양소들을 다음 식물들에게 물려준다. 그렇게 하여 그 지역 전체는 영양소 보유력과 이용 효율을 높인다. 서로 다른 시기에 영양소를 흡수함으로써 눈이나 빗물에 영양소가 씻겨 가는 양을 줄이고, 또 영양소를 돌려가며 사용함으로써 한정된 양의 영양소로 지역의 광합성량을 높일 수도 있다. 어쩌면 지금의 현상은 그와 같이 주어진 지역에서 효율적인 요소들이 살아남아 이루어 놓은 현상일지도 모른다. 아무튼 결과는 덧없는 봄풀과 큰 나무들이 어우러져 땅의 영양소 보유력을 증대시키고 있는 모습을 연출시키고 있다.

모든 생물이 스스로 존속하고 자손을 퍼뜨리는 데는 에너지가 있어야 한다. 지구에서 사용되는 실질적인 에너지는 대부분 태양으로부터 공급된다. 따라서 태양이 심심풀이로 방사 에너지를 내뿜어 지구를 가지고 논다고 볼 수 있는 한편, 이를 통해 지구상에서 일어나고 있는 대부분의 생명 활동을 관장하고 있는 것으로 간주할 수 있다. 원시인들이 태양신을 섬긴 이면에는 이런 위대함을 은연중에 알고 있었던 까닭이 있었으리라. 그러나 지구에 도달하는 태양 에너지의 99퍼센트 또는 그 이상은 생명 활동에 직접적으로 이용되지는 않는다. 열로 손실되거나 증산에 사용되어 생명 활동을 간접적으로 돕고 있다. 단지 1퍼센트가량이 식물의 광합성에 포착되어 화학적 에너지로 저장된다.

이와 같이 지구상에서 식물이 맡은 주요 기능은 광합성으로 화학적 에너지를 담는 유기물을 생산하는 것이다. 광합성은 식물이 에너지를 이용하여 하늘과 땅으로부터 얻는 물질을 알맞게 조합하여 가공하는 일이다. 식물은 태양 에너지를 모든 생물이 쓸 수 있는 형태로 바꾸기 위해 이산화탄소와 물, 영양소를 섞어서 유기물을 만든다. 또는 식물이 대기의 이산화탄소, 땅 위의 물과 영양소를 잘 섞어서 자신의 창작물을 내어놓는데, 거기에 필요한 것이 태양 에너지며 그 과정이 광합성이다.

식물이 이 기능을 원활히 수행하기 위해서 필요한 자원들을 효율적으로 확보하는 일은 자연선택되기 위한 필요조건이다. 따라서 살아남아 우리 눈에 보이는 식물들은 긴 진화의 역사를 통해서 에너지와 이산화탄소, 물, 기타 영양소를 포함하는 자원 보유 능력을 제대로 구축한 생물로 보아도 좋다. 그 결과 땅위에 존재하는 식물들은 나름대로 자신이 필요한 영양소를 보유하는 한 가지 이상의 재주를 가지고 있다.[62] 필요한 자원들이 저 멀리 흘러서 바다로 가거나 공기로 날아가고 나면 다시 되찾는 데 엄청난 에너지와 시간이 필요하다. 따라서 모든 생물들이 온갖 노력을 동원하여 영양소를 잡아 두는 모습은 자연선택의 결과이기도 하다.

이를테면 식물은 흘러가는 물에 포함된 흙 알갱이를 가라앉히고 그 속에 녹아 있는 영양소들을 미생물과 합심하여 빨아 당긴다. 어떤 나무들은 겨울 동안 마른 나뭇잎을 달고 있어 낙엽이 멀리 가는 것을 예방하기도 한다. 숲 바닥에 자라는 작은 나무와 풀들도 한몫 단단히 하고 있다. 이 식물들은 큰 나무가 싹을 틔우기 전에 낙엽을 붙잡아 두고

점봉산의 꽃

1. 쥐오줌풀		
	3. 말나리	
2. 천마	4. 얼레지	5. 속새
	6. 모데미풀	7. 개불알꽃

▼ 노루귀.

물에 녹아 있는 영양소를 재빨리 빨아들여 흘러가는 것을 막고 잎과 열매를 키우는 자원으로 사용한다. 큰 나무가 뒤늦게 잎을 키우면 작은 풀들은 한 세대가 자진하여 영양소 보유 임무를 물려준다. 그리하여 큰 나무는 죽어 가는 풀에서 방출되는 영양소들을 이용하게 된다.

　식물의 죽은 가지는 떨어져 바람에 날려 가거나 물에 실려 가는 나엽을 잡아 두는 일을 하기도 한다. 누가 염두에 둘까? 그 크고 작은 가지의 주검을 기반으로 살아가는 미생물이 흘러가는 물에서 영양소를 잡고 있다는 사실을! 식물은 또한 미생물뿐만 아니라 작은 동물들의 삶도 북돋우어 미생물과 함께 영양 물질을 잡는 데 일조를 하게 한다. 그렇게 크고 작은 나무들과 미생물, 동물이 어우러져 영양소를 이용하는 것이 결국은 광합성에 의한 일차 생산과 생태계 운영에서 효율적이기 때문이다. 어쩌면 이런 작용들은 우연히 일어나고 있는 것이기도 하지만, 경쟁과 협동이라는 시행착오를 거치며 개개의 생물 또는 그 이상의 수준에서 일어나고 있는 자연선택으로 이루어져 가는 과정이다.

　때로 식물은 다른 생물들과 어우러져 생태계가 필수적인 영양소를 보유하는 능력을 드높이기도 한다. 집단 선택을 인정하지 않는 일부 서양 과학자들에게 하찮은 생물들의 협동 체계는 목적론적이라는 이름으로 비판을 받기도 한다. 하지만 이러한 모습이 나타나고 있는 결과임에는 틀림없다. 자연선택이 어느 수준에 작용하고 있는지는 여전히 논란의 여지가 있지만 어우러진 삶이 생태계의 영양소 보유와 운명에 중대한 역할을 하고 있는 것은 사실이다. 이제 우리는 그러한 모습들을 살펴보기로 하자. 그러나 이러한 현상들이 자아내는 영양소 보유 작용에 대한 필자의 묘사에는 아직 검정되지 않은 가설도 포함되어 있음을 이미 밝혀 둔다. ● ● ●

따로 보기 5
선택과 세계화

여기서 잠깐, 왜 이 땅에 세계화라는 이름과 함께 영어가 만연하는가 하는 엉뚱한 의문을 제기해 본다. 영어 공부를 하는 사람들이 선택되는 현상을 많이 보았기에 우리의 인간 세계가 그런 사람을 선택할 것이라는 심리가 깔려 있기 때문이 아닐까? 그렇지만 세상을 온통 영어 일색으로 물들이는 쪽으로 가고 있는 세계화라는 구호에 나는 동조하지 못한다. 잘못된 세계화로 세계어가 한글을 밀어낸다고 해서 세상이 끝나는 것은 아니겠지만 말이다.

안데스 산맥(3) 깊숙이 자리 잡은 사회에서는 영어 공부가 선택의 중심 조건일 리가 없다. 그곳에서 선택되는 사람은 아마도 다른 재주를 가졌을 것이다. 이처럼 어떤 땅에서는 소나무의 전략이 선택되고 어떤 땅에서는 참나무의 전략이 선택된다. 물론 그 선택은 한 가지 재주에 기반을 두지 않고 종합적인 전략에 의해서 이루어질지도 모른다. 그러나 어떤 경우에는 한 가지 부분의 차이가 큰 기여도를 발휘할 수도 있다. 아무튼 지금 존재하는 것은 과거와 현재의 재주와 행위를 바탕으로 선택된 대상이다. 살아남게 하는 가장 큰 덕목은 무엇일까?

세계화에 대한 그럴듯한 논평을 인용하면 다음과 같다.

세계화는 '국가 간의 경계를 넘어 사람, 물자, 정보의 교류가 활발해지면서 국제 경쟁이 치열해지는 동시에 국제 협력과 분업이 정착하는 과정'을 말한다. 국제화는 한 국가가 다른 국가들을 경쟁 상대로 여기는, 그래서 국제 관계를 원천적으로 갈등 관계로 보는 것에 반해, 명분인지 몰라도, 국가 간의 상보적 관계를 중요시한다. 그리고 세계화는 더러 지구화와 같은 개념으로 쓰이기도 하고, 달리 쓰이기도 한다. 달리 쓰이는 경우의 지구화는 '세계화가 더욱 진전되어 경제, 정치, 문화, 환경 모두가 하나의 지구적인 울타리 안으로 동질화되어 가는 현상'을 말한다.

이러한 세계화의 다른 특징으로 장소의 공간이 흐름의 공간으로 대체되면서 나타나는 현상을 말하는 경우도 있다.[64] 장소는 그것을 규정짓는 경계 안팎으로 에너지와 물질, 정보가 드나들지 않으면 고립된 계가 된다. 반면에 열린계에서 흐름의 양을 점점 증가시키면 계의 고유한 본질을 유지하기 어렵게 된다.

우리나라가 지니고 있는 문화 정보의 양이 점점 증가하기는 하지만 우리나라의 물리적, 정신적 경계를 가로질러 들어오는 외국 문물의 양이 많아지면 우리의 본질을 잃게 되는 상황이 벌어진다. 이런 상황에서 영어 공용화가 우리 것의 지속 가능성을 도와줄지 아니면 퇴색시킬지는 분명하지 않다.

어찌 이 땅에서 심신이 자란 우리가 남의 글이 쳐들어오는데 마음 편할 수 있을까? 그러니 선택의 기로에 선 우리가 기대어야 할 큰 지혜가 시급하다. 국수성으로 기울지 않을 만큼의 전통 찾기를 어떻게 할 수 있을까? 그 전통과 세계화의 물결을 어떻게 조화시킬 수 있을까?

정말 내키지 않지만 대원군의 쇄국 정책을 닮지 않기 위해서는 영어 공용화도 심각하게 고려해 봐야 할 문제이다. 가야 할 길은 먼데 방향을 잡아 줄 우리 인문(人文)은 어디 갔는가? 돈이 선택의 조절자인 줄 알고 모두 그쪽으로 가 버렸나? 主

물가에 서서 2

"졸졸 시냇물아 어디로 가니, 강물 따라 가고 싶어 강으로 간다. 강물아 흘러 흘러 어디로 가니, 넓은 세상 보고 싶어 바다로 간다." 강은 물이 가는 길고 긴 여로의 한 부분이다. 가는 길이 빠르고 단조로울 수만은 없다. 무엇보다 그래서는 재미가 없다. 가는 길에 쉼터도 있어야 하고 정을 주고받을 벗도 있어야 좋다. 시냇물의 졸졸거림과 강물의 출렁거림을 받아 주는 벗은 이웃한 땅과 뭇 생물이다. 그 벗을 사람들은 제멋대로 갈라놓으려 한다. 슬픈 일이다.

흐르는 강물 따라

큰비가 오고
큰 붉덩물이 쿵쿵쿵 흐릅니다
다리가, 윗다리가 넘어
학교에 못 가고
우리는 이쪽에서
선생님은 강 저쪽에서
손 모아 몇 번씩 불러 보다가
쭈그리고 앉아
물구경하다
오늘은 그냥 집에 가는 천담분교.

—김용택, 「천담분교」, 시집 『강 같은 세월』에서

내 고향은 경남 고성군 고성읍 덕선리라는 곳이다. 진주와 통영을 잇는 고속도로를 타게 되면 고향 마을 부근을 지나게 된다. 고성읍과 대가면을 나누는 그리 높지 않은 긴 산이 마을 뒤를 받치고 있고, 마을 앞으로는 제법 너른 들판이 있다. 어린 시절의 마을 뒷산은 내가 여름날 소를 끌고 다니며 자란 곳이다. 나는 초등학교에 들어가기 전부터 봄부터 가을까지 아침과 오후 시간에 그곳에서 소 세 마리를 끌고 다니며 풀을 뜯게 했다. 지금도 걷는 일 하나는 자신이 있는데 그것은 뒷산과 산 아래로 뻗어 있는 등굣길 덕이다.

고향 마을 앞에는 작은 시내가 하나 있다. 따로 이름을 가질 정도도 아니라 강이라 하기에는 너무 작고 그냥 시냇물이라고 부르기에는 조금 큰 편이다. 지금도 힘들고 지칠 때면 나는 가끔 이곳을 찾아간다. 그러나 이 시내가 내 삶과 의식 안으로 들어온 때가 정확히 언제인지는 기억해 낼 수 없다. 하지만 내 정신은 그곳에서 나고, 굵어졌다고 해도 지나치지 않다.

▲ 고향 주변을 보여 주는 지도.

어린 시절 큰비가 내리고 나면 이 시내는 어김없이 단절을 안겨 주는 장애물이었다. 동시에 학교를 빼먹어도 말썽이 나지 않게 해 주는 희망이기도 했다. 비가 많이 내린 날 아침 삿갓을 쓰고, 책보자기를 싸 들고 나가 보면 심심찮게 다리가 떠내려가 버린 경우가 있었다. 그러면 어린 발로 건널 수 있는 위치를 찾아 위로 위로 거슬러 올라가기도 했다. 그때 초등학생이던 나를 업어서 물을 건너 주던 고등학생들의 등은 넓고 푸근했다.

그 맑은 물속에서 번득이던 은어의 빠른 몸놀림이 지금도 눈에 선하다. 그것은 물이 맑았다는 사실을 알려 주는 밝은 추억이다. 그곳은 여름날의 좋은 놀이터이기도 했다. 학교를 마치고 집에 돌아오면 거의 매일 소를 끌고 나가야 하는 것이 내 일이었던 시절이었다. 그때 나는 자갈밭 틈틈이 끼여 있는 풀들에게 소들을 맡겨 놓고 냇가에서 멱을 감으며 땡볕을 잊곤 했다.

대학생이 된 후에도 겨울 방학 동안 그 하천은 내 정신적인 안식처였다. 그리 심하게 춥지는 않았던 남녘 땅 날씨라 자갈로 덮인 강바닥은 늦은 오후 시간의 산책길이 되었다. 그때 나는 물이란 무엇

▶ 고향 마을 앞을 흐르는 시내. 지금은 그때 그 모습이 아니다.[1]

인가라는 막연한 물음을 가지곤 했다. 무언가 잡아야 한다는 강박 관념 비슷한 것이 있던 시절이었다.

이런 인연 때문인지 강은 언제나 내 마음 깊은 곳에 자리 잡고 있었다. 그러나 내 의식에서 강은 물 자체보다는 오히려 그 가장자리와 바깥 땅이 더 큰 자리를 차지하고 있었다. 아마도 어린 시절 나의 삶에서 언제나 발길이 닿던 물가의 땅이 있었기 때문이리라. 그런 까닭인지 지금도 큰 강보다는 작은 시내를, 강물 자체보다는 물과 맞닿고 있는 언저리 땅을 더 많이 생각하고 있다.

수원지에서 시작하여 하구까지 이어지는 물길을 따라 나타나는 생태학적인 변화는 어떤 질서를 가지고 있을까? 앞서 밝힌 바와 같이 나에게 있어서 강이 감성적인 대상에서 벗어나기 시작한 것은 1982년 서울대학교 환경대학원에서 석사 학위 논문을 준비하기 시작하던 때였다. 그 당시 나는 조경학에서 언급되고 있던 시각적인 연속 변화(sequence)의 개념을 하천을 따라 나타나는 어떤 변화 유형과 연계시켜 볼 궁리를 했다. 그러한 변화는 하천 주변에 남아 있는 땅의 식생

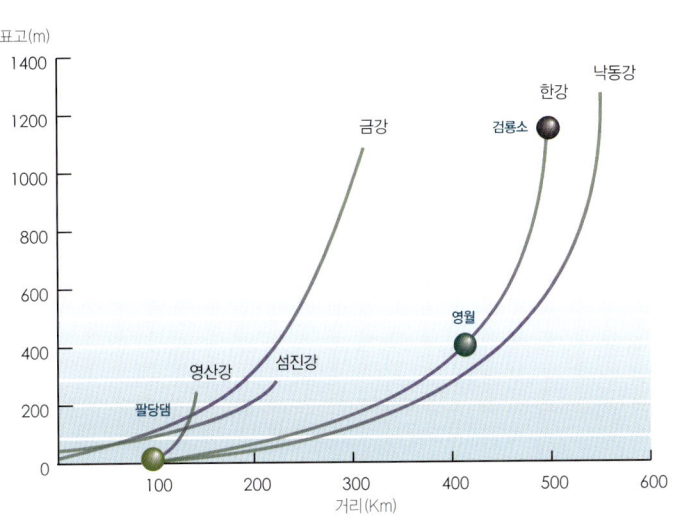

▲ 우리나라 주요 하천들의 경사 변화.[3]

에서 인지될 것이라는 생각을 했고, 그런 생각을 구체화시켜 볼 대상으로 노곡천의 상림리에서 곤지암리까지 살펴보는 인연을 택했다.

나중에 하천생태학 강의를 들으며 하천 연속성(river continuum)은 1980년대 초 미국의 하천생태학계에서 획기적인 개념으로 등장했음을 알았다.[2] 하천을 공부하던 미국의 학자들은 나보다 먼저 하천을 하나의 체계로 바라보고 있었던 셈이다. 그 개념이 제안된 이후 비로소 생태학자들은 하천과 같은 유역에 있는 육상 부분의 특성을 연결시켜 보기 시작했다고 한다. 아무튼 석사 학위 논문을 준비하면서 나는 이러한 하천의 체계적인 측면을 막연하게 건드리고 있었다. 그때 처음으로 수원지에서 하구까지 내려가는 동안 경사의 급하기가 점점 완만해진다는 사실을 알았다.

이 사실과 관련하여 버지니아 공대에서 강의와 논문 심사 과정을 통해 내게 처음으로 수리수문학을 가르쳐 주셨던 대만 출신의 쿠오(Chin Y. Kuo) 박사의 비유는 참으로 인상적이어서 지금도 기억이 생생하다. 그의 얘기를 옮겨 보면 대충 이렇다.

1~3. 강의 상류에서부터 중류를 거쳐 하류로 가는 동안 물 흐름의 힘찬 정도가 다르고 바닥 물질의 굵기도 다르다. 상류는 주로 산에 자리잡고 있으며 바위와 폭포가 많이 나타난다.[4]

우리가 쉽게 확인할 수 있는 바와 같이 수원지 가까운 곳의 물길은 경사가 급하다. 물은 폭포에서 떨어지고, 여울에서 하얀 포말을 일으킨다. 물길은 세차고 때로 시끄럽기도 하다. 따라서 그곳에서 굴러 내리는 바위와 물에 운반되는 돌이나 자갈은 속도가 있고 힘차다. 움직이는 힘이 있는 만큼 주변과 부딪치고 깨어져서 모가 나기 마련이다. 그러나 이 과정에서 이웃한 돌이나 자갈은 서로 자신과 다른 돌의 모를 지워 나간다. 하류로 가면 갈수록 가는 길의 경사는 완만하다. 물은 소리 없이 흐른다. 자갈과 모래가 굴러가는 속도는 느리다. 이곳의 자갈이나 모래는 이미 다듬어져 모가 없고 동글동글하다.

쿠오 박사는 이러한 현상을, 젊은 나이에는 힘이 있고 자기가 최고인 듯 생각하여 여기저기 부딪쳐서 모가 나지만, 나이가 들면서 매끄럽게 다듬어지고 또 힘도 줄어들어 원만해지는 우리 인생의 모습과 같다고 했다. 이처럼 하천을 하나의 계로 보면 상류에서 하류로 이어지는 동안 나타나는 수문학적, 생태학적 변화와 인간의 성숙 과정은 닮은 데가 있다.

나중에 알게 되었지만 '토지 윤리'로 유명한 알도 레오폴드(Aldo Leopold)의 아들이자 유명한 하천지형학자였던 루너 레오폴드(Luna Leopold)는 일찍이 상류에서 하류로 갈수록 변하는 하천 지형의 특성을 사람에 비유했다. 이런 비유는 또한 조지아 대학교의 오덤 선생이 생태계의 발달에서 나타나는 특성을 인생의 노정과 인류 역사에 비유한 점과 비슷하다. 하천과 생태계의 발달, 인생 노정, 인류 역사에 필연적으로 개입되는 시간의 흐름에 따라 엔트로피를 퍼내는 소산 구조가 생긴다.

그러나 하나의 유역을 계로 보면 하천은 유역 안에서 본질적으로 젊은 속성을 가지고 있다. 젊음의 속성은 무엇인가? 나는 그것이 힘과 변화라 생각한다. 사실 변화는 힘이 배태하고 있는 다른 측면이다. 힘이 다한 자가 어찌 변화를 수용할 수 있으랴! 아무튼 힘과 변화는 젊음의 특징임에 틀림없다.

특히 우리나라 강은 여름마다 홍수로 수량과 지형 변화가 심하고 흐르는 물이 있어 에너지가 넘친다. 물과 인접한 강변엔 물과 영양소와 태양 에너지가 가장 풍부하기에 단위 면적당 광합성이 왕성하게 일어나 생물이 일하는 데 필요한 에너지 또한 풍부하다. 그러기에 하천은 젊음의 속성이 모여 있는 곳이다.

젊음을 잘 다스려 넘치는 에너지를 긍정적인 방향으로 유도하는 것이 청소년 선도의 근본이다. 청소년 선도는 어른의 지혜가 전제될 때 가능하다. 어려운 노릇이기는 하지만 혈기 왕성한 젊은이의 마음과 육신을 이해하는 어른만이 젊은이를 제대로 선도할 수 있다. 마찬가지로 하천의 변화무쌍한 속성은 그것을 이해하는 마음만이 조화를 이루게 할 수 있다. 젊은 지역은 유역에서 에너지의 주요 원천이다. 생각해 보면 유역에서 하천의 위치도 그렇다. 그러나 에너지 원천이 그것을 받아 줄 수용처와 잘 조화하지 못하면 갈등이 생긴다. 하천을 심한 공법으로 다스리는 행위는 젊음의 혈기를 막무가내로 억누르는 짓이다. 그리고 그 결과 사람과 강 사이에 갈등으로 이어질 조짐이 나타나고야 만다.

강은 위에서부터 아래로 하나의 유형으로 나타난다. 인간들은 이러한 변화를 즐기지 않을까? 하천을 기반으로 하는 물고기도 물가를 서식처로 하는 동물들도 이 변화를 즐기지 않을까? 물의 흐름과 직교하여 물가의 자투리땅을 보면 그것은 전환 지역(transformation area)이다. 그러나 유역에서 하천이 놓인 자리를 고려하고 수원지에

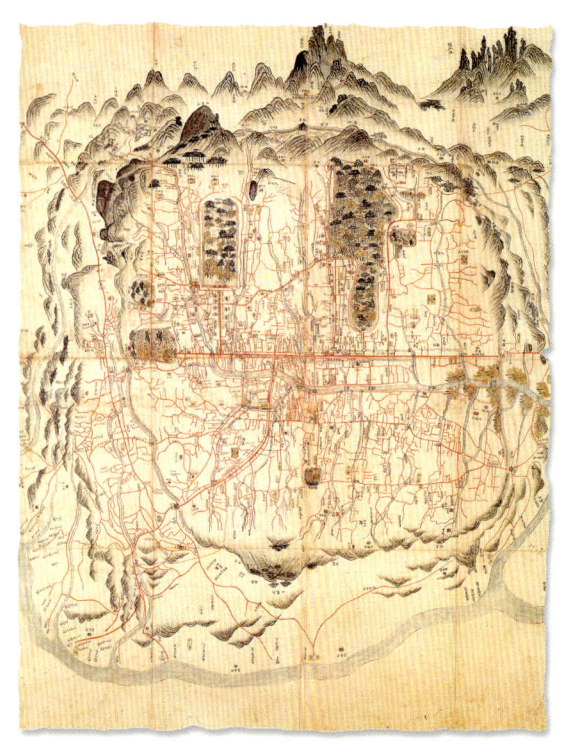

▲ 「한양도성도」

▶ 김용택 시인이 사는 전북 임실군 덕치면 장산리 앞을 흐르는 섬진강 풍경.

서 하구까지의 변화를 고려하면 물가의 땅은 많은 생물의 통로(corridor)가 된다. 생물은 하천을 따라 이동하며, 또는 하천을 가로질러 나타나는 변화를 즐기며 하천을 즐겨 찾는다. 더구나 거기에는 생존에 필수적인 물이 있고, 바람과 빛이 있어 좋다. 그곳에 식물이 자라 생산성이 높으니 먹이가 풍부하고, 또한 다양하고 아름다운 경관이 있다. 원래 충분한 폭을 가지고 있던 지역이라면 강변에 형성된 숲은 생물들의 중요한 은신처가 되었으리라.

그리고 보니 더 이상 강변은 인간이 독점할 지역이 아니다. 어쩌면 다른 생물들과 공유해야 할 마지막 땅인지도 모른다. 그러나 지금 나라가 작아진 우리는 그 땅의 깊숙한 부분까지 탈취하고 둑을 쌓아 하천의 영역을 축소시키고 있다. 더욱이 그것도 모자라 땅을 다듬고 시멘트를 발라 주차장으로 쓰고 있는 모습이 자주 목격된다. 그리고 문제가 생기면 보호를 한답시고 더 많은 시멘트를 발라 숨통을 조이고 있다.

나는 청계천이 제 모습을 드러낼 수 있기를 희망하는 사람이다. 그러나 한번 저질러진 무지의 소산으로 지금은 그 물 위의 시멘트 덮개 위에서 삶을 부지하고 있는 사람들의 앞날이 더 큰일이다. 그들이 겪어야 할 아픔을 줄이기 위해서는 큰 지혜가 필요하다. 그냥 청계천을 생각할 것이 아니라 고지도 「한양도성도(漢陽都城圖)」에 나타나는 청계천 유역에 대한 옛 사람들의 앎도 지금쯤 한번 들여다볼 필요가 있다. ● ● ●

강가에서

세월이 많이 흘러
세상에 이르고 싶은 강물은
더욱 깊어지고
산그림자 또한 물 깊이 그윽하니
사소한 것들이 아름다워지리라.
어느날엔가
그 어느날엔가는
떠난 것들과 죽은 것들이
이 강가에 돌아와
물을 따르며
편안히 쉬리라

―김용택, 「강가에서」, 시집 『강 같은 세월』에서

강터와 갯벌

충남 서산과 당진을 잇는 32번 국도에 운산교가 놓여 있다. 1994년 1월 31일 가족과 함께 개심사를 둘러본 다음 귀경길에 운산교를 건넜다. 물가를 살피는 버릇 때문에 다리 좌우로 정돈된 강바닥에 눈길이 머물렀다. 수량이 많지 않을 때 나타나는 부지인 강터를 골라서 시멘트로 물길과 나누고 잔디를 심어 놓았다. 때는 바야흐로 겨울이라 잔디밭은 불태워져 있었다. 다리 가까이 있는 땅은 온통 시멘트로 발라 주차장으로 이용되고 있었다.

이처럼 돌아다니다 보면 힘없이 물과 격리되는 강터를 수없이 본다. 시골에서는 그냥 내버려 두어서 때로 아름다운 경관을 연출하기도 하지만 강터는 아무래도 쓸모없는 땅으로 보이는 모양이다. 도회로 가까워질수록 더욱더 사람들의 손에 놀아나는 강터가 불쌍하기만 하다.

1~3. 시멘트로 나누어진 물길과 강 언저리.

시멘트로 숨통을 조여 버린 강터의 처참한 모습은 한강에서 더욱 확연해진다. 한국의 저질스러운 군사 문화는 한강변에 극명하게 노출되어 있다. 이것은 감출 수도 없는 우리 마음의 표현이기도 하다. 때로 텔레비전 연속극에서 서울에 사는 사람들의 감상이 한강변 시멘트 경관에서 연출되는 모습을 보면 나는 그렇게 내몰린 우리네 정서가 안타깝다. 강물의 더러움이 배경에 나타나지 않아 쓰임새가 있는지 몰라도 아무래도 내게는 아니올시다. 대안을 찾을 수 없는 연출가는 아마도 나보다 더 답답하겠지.

> 돌아갈 곳 없는 사람들이, 앙상하게
> 채집 당한 곤충처럼, 일렬종대로
> 복창 소리 양호하게 흐르는 강.
> ─윤중호, 「한강에서」

나는 이 시구에서 지난 40년 가까이 복창 소리와 일렬종대의 문화에 밀린 우리 산하의 한 자락을 본다. 힘센 자들의 의사 결정에 막다른 골목으로 내몰린 선량하고 힘없는 자연의 현주소를 읽는다. 과정은 생략한 채 직선적이고 저돌적인 힘이 자아낸 땅 위의 그림[景觀]을 더듬는다. 참사람이 가져야 할 여러 가지 덕목을 감축하고 오로지 돈버는 기술을 독려하는 삭막한 우리 사회를 느낀다.

나는 여기서 시인의 느낌이 학문의 소재로 발전될 수 있는 가능성도 느낀다. 가설은 이렇다. 오늘날 우리가 겪고 있는 환경 문제는 군사 정권과 결코 무관하지 않다. 시인은 그것을 "복창 소리 양호하게 흐르는 강"이라고 했다. 군사 정권은 가시적인 변화를 만드는 데 익숙한 공사꾼들을 키웠다. 그들의 힘과 공조는 중동 붐과 함께 더욱

굳세게 다져졌다. 그러나 중동 붐이 사그라지면서 키워 둔 힘을 뿌릴 곳을 더 이상 나라 바깥에서 찾지 못했다. 남아도는 힘은 이 땅 곳곳을 파헤치는 불도저 소리로 나타났다.

> 불도저가 다가온다
> 까딱도 없이
> 향기를 뿜고 있는
> 하얀 찔레꽃
>
> 한눈을 팔고 있는 것도
> 절망하고 있는 것도 아니다
>
> 순식간에 뿌리째 뽑혀
> 흙더미 속에 묻혀버린다
>
> ─김윤성, 「찔레꽃─개발지구에서」, 시집 『바다와 나무와 돌』에서

문제 지적의 수준을 넘어 힘의 방향 잡기에도 시인이 제 목소리를 낼 수 있기를 바라는 것은 지나친 욕심인 듯하다. 그러나 이 땅에 살고 있는 사람들의 힘을 잘 안배하는 일은 인문학이 줄기를 잡아 줄 때만이 가능하다. 시인은 그들의 일부이거나 그들과 가깝다. 그래서 나는 항상 그들의 예민한 감각과 눈에 기대를 걸고 있다.

아무튼 언젠가는 유럽과 일본 사람들처럼 흉측스러운 강터의 시멘트 조각을 떼어 내는 광경이 이 땅에서도 기필코 나타나겠지. 어떤 분은 더 이상 그들을 흉내 내지 말고 좀 더 연구하고 따진 다음 뜯어내든지 그냥 두든지 하자고 한다. 그러나 기필코 강은 자연의

1, 2. 갯벌과 새만금 방조제.[8]

모습으로 접근할 것이다. 좋든 싫든 아직도 남아도는 공사꾼의 힘도 복원이라는 이름으로 가세할 것이다. 이제 그 힘을 지혜롭게 사용할 준비를 하고 또 실행하는 데 쓸 수 있도록 할 때다. 다행히도 그것이 장기적으로는 이득이 된다는 사실을 아는 사람들이 조금씩 늘어나고 있다.

말없이 바다와 뭍을 가꾸는 일꾼, 갯벌

갯벌의 매립은 자연적인 생산 장소를 인공적인 생산 장소로 전환하려는 노력의 소산이다. 우리는 매립된 땅에서 발생할 작물의 직접 생산에 눈멀어 있다. 세계의 생태계 중에서 자연 습지는 일차 생산량이 가장 높은 곳이다. 그곳은 높은 곳에서 쓸려 온 영양소들이 쌓이는 곳이며, 물과 햇빛이 방해 없이 공급되는 곳이라 광합성이 왕성하게 일어나는 곳이다. 갯벌의 일차 생산량이 높은 것은 당연하다.

갯벌의 왕성한 광합성으로 생산된 유기물은 벌레와 새와 물고기를 기른다. 남아도는 유기물은 넘쳐흘러 바다의 종속 영양 생물들을 보육한다. 그러나 우리는 바다에서 잡히는 많은 양의 조개나 물고기가 갯벌에서 자연 생산된 유기물에 기반하고 있는 사실을 지나치게

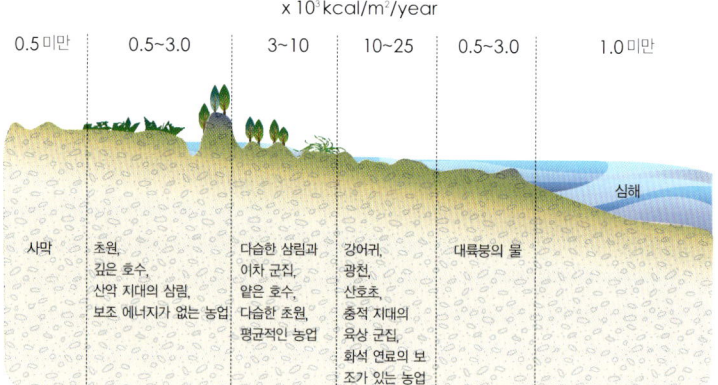

▶ 생태계 유형에 따른 연평균 일차 생산량 비교.[9]

경시하고 있다. 습지인 갯벌을 없앰으로써 물고기의 먹이 자원을 감소시키며, 그 결과 줄어든 어획고와의 관계를 아직 제대로 모르고 있다. 따지고 보면 강터나 갯벌과 같은 자연 습지의 매립은 공유 재산을 사유화하는 과정일 뿐이다. ● ● ●

미나리와 미꾸라지의 함께 살기

강터의 물기가 많은 곳에 자라는 식물들이 영양소를 흡수하는 만큼 수계의 영양소는 제거된다. 그렇다면 이왕지사 식물을 물가에 키워 수자원 부영양화의 감소를 도모할 바에 식용 식물을 이용하면 이중의 효과를 노릴 수 있을지도 모른다. 1994년 2월 서울대학교 환경대학원에서 석사 학위를 받은 안창우 군은 미나리를 대상으로 이러한 실험을 했다. 그리고 식물은 동물과 어쩔 수 없이 상호 관계를 형성하므로, 역시 식용으로 이용할 수 있는 미꾸라지를 실험에 포함시켰다.

지금도 서울대학교 환경대학원 실험실은 실험실이라고 하기에 창피한 수준이지만 당시에는 더욱 열악했다. 우리 학생들의 농담에 의하면 17~8세기 소련의 한 실험실을 방불케 하며, 환경대학원에서 석사 학위를 받고 고등학교에서 교편을 잡고 있는 박현정 씨는 자신의 고등학교 실험실만도 못하다고 했다. 스스로 얼굴에 침을 뱉는 꼴이 되겠지만, 우리의 착상이 물리적으로 표현되는 데 필수적인 실험실이 세계의 대학원 중에서 가장 열악한 상태에 있는 것만은 사실이다. 그래서 나는 아직 외국 손님이 왔을 때 우리 실험실을 보여 준 적이 없다. 그런 까닭으로 안창우 군의 실험은 우리의 실험실에서 실현될 수 없었다. 궁리 끝에, 전에 인연이 있던 한국외국어대학교 환경학과 실험실의 공간을 여름 방학 동안 빌려서 사용하게 되었다.[10]

▲ 미꾸라지는 밤 동안 물을 흐린다.[10] 사진의 왼쪽 용기에는 미꾸라지를 넣지 않고 오른쪽에는 넣은 다음 아침에 찍은 모습이다. 밤 동안에 일어난 미꾸라지의 활동은 물을 휘저어 물과 공기의 접촉을 촉진한다. 따라서 물에 녹아드는 산소의 양을 증가시키고, 생물학적 산소 요구량의 원인이 되는 물질의 분해 속도를 빠르게 할 것으로 추측된다.

안 군의 실험이 막바지에 이른 1993년 9월 18일 비로소 그의 실험을 살펴볼 수 있었다. 미꾸라지를 넣은 실험 수조는 모두 흙탕물을 이루고 있었다. 미꾸라지가 돌아다니며 구정물을 만든다는 것은 동시에 물을 휘저어 공기와 접촉하는 부분을 넓힐 수 있음을 의미한다.

나를 더욱 감격시킨 것은 안 군이 창가에 둔 항아리에 실험을 하던 미꾸라지를 잠시 넣어 두었을 때 일어난 이야기였다. 미꾸라지는 항아리에 있던 장구벌레를 순식간에 먹어 치웠다고 한다. 이 우연한 발견은 모기가 논이나 물가에 알을 슬어 부화하는 동안 물고기들이 수많은 애벌레들을 제거할 수 있다는 사실을 비로소 인식시켰다. 이것은 우리가 모르는 중에 우리를 위해 일을 하고 있는 자연현상의 한 면모이다.

습지는 육상 생태계와 비교하면 토양의 공기 유통이 원활하지 않다는 점이 주요한 특징이다. 특히 유기물이 많은 곳에서는 산화 반응 동안 소비되는 산소를 공급하지 못하여 혐기성으로 되는 경우가 흔히 발생한다. 토양이나 퇴적토가 혐기성이 되면 산소 대신 질산염이 전자 수용체로 작용하며, 부산물로 아산화질소와 질소 기체가 방출된다. 우리는 이 과정을 탈질 작용이라 한다.[11] 이와 같이 혐기성 과정에서는 탈질 작용을 통해서 질소가 대기로 손실되므로 수자원의 질소 부영양화는 줄어든다. 그러나 탈질 작용 동안 발생하는 아산화질소(N_2O)는 온실 효과를 일으키는 기체로 지구 온난화에 기여할 위험성도 가지고 있다.[12]

인 화합물의 경우는 혐기성 상태에서 토양 입자로부터 방출되는 경향이 있다. 방출된 인은 물에 녹아서 하류로 흘러갈 것이다. 그러한 인을 잡아 두려면 상수원에 이르기 전에 식물이나 미생물에 의해 흡수되도록 해야 한다. 또한 산소를 공급하여 산화 반응으로 전환시키면 퇴적물들이 산화성이 되어 인의 흡착 능력이 증대된다. 그 까닭은 산화형 철(Fe^{3+})이 환원형의 철(Fe^{2+})보다 인 화합물에 대한 흡착성이 크기 때문이다.

이런 체계는 하류에 연꽃이나 미나리, 고마리를 키우며, 동시에 미꾸라지, 메기 등 운동성이 활발한 물고기를 양식하면 이룰 수 있지 않을까? 식물이 영양소를 흡수하여 성장하는 것은 당연하다. 앞에서 제안한 것처럼 식물에 흡수된 영양소는 식물을 베어 내거나 먹이사슬 과정을 통해서 제거하면 부영양화의 경감에 공헌할 수 있다. 또한 운동성이 강한 물고기는 물을 휘저음으로써 공기와 접촉을 높여 물에 녹아 있는 산소의 농도를 높이게 된다.

식당이나 찻집에 있는 어항을 가만히 보면 거품이 일고 있는데 이것은 물과 공기를 접촉시켜 물속의 용존 산소를 높이려는 노력의 한 모습이다. 이와 비슷하게 물고기의 움직임은 물을 출렁거려 공기 중의 산소가 물속에 녹아들게 한다.

또한 물고기의 강력한 운동은 동시에 많은 에너지를 소모하는 운동이며, 그때 사용되는 에너지는 물에 있던 유기물이 먹이사슬 과정을 따라 물고기의 몸으로 온 것이다. 결과적으로 물고기의 운동은 물에 있는 유기물 산화를 촉진한다. 따라서 물고기 운동은 물의 유기물을 소비함으로써 생물학적 산소 소모량을 낮추는 작용도 한다.

더욱이 미꾸라지 같은 물고기는 장구벌레를 먹어 치워 우리가 모르는 중에 해충을 방제하기도 한다.

이러한 과정을 정리해 보면 다음 표와 같다. 이 표에 포함되는 먹이사슬 과정의 일부는 나중에 다시 설명할 것이다.

표 2 상류 환원지와 하류 산화지의 연결로 기대되는 수질 정화 효과

위치	주요 반응	기대 효과
상류	환원	탈질 작용으로 질소 제거, 유기물과 토양 입자로부터 인의 탈리
하류	산화	**퇴적토**: 인 흡착 – 식물 흡수 – 먹이사슬 – 새 **식 물**: 인 흡수 – 초식 먹이사슬 **미생물**: 인 흡수 – 용존 유기물 – 미생물 먹이사슬 **곤 충**: 애벌레 날개돋이에 의한 육지로 영양소 운반 **물고기**: 물리적 운동으로 폭기 및 유기물 분해 촉진, 장구벌레 등의 포식으로 해충 방제

웅덩이 생태학

소설가 박완서 씨가 자신의 어린 시절을 보낸 고향을 회상하며 쓴 「내가 잃은 동산」(1993)이라는 글에는 이런 내용이 들어 있다.

> 논에는 군우물이라는 것을 두고 있었다. 군우물은 논 한쪽 귀퉁이에 파 놓은 우물보다는 크고 연못보다는 작은 웅덩이였는데 어린이에게는 깊이를 알 수 없는 충충한 것이었다. …… 군우물 물은 지저분하고 온갖 물풀과 물벌레가 살았다. 올챙이가 알에서 깨어 나오는 것도 군우물에서였고 여름의 모기가 들끓는 것도 군우물 때문이었을 것이다. 그 밖에도 물방개, 소금쟁이, 물장군, 장구애비, 물땡땡이 등이 푸르고 느글느글한 물풀 사이를 떠다녔다.

아마도 지금부터 몇십 년의 세월이 흐르고 나면 이 땅에서 그런 모습을 직접 보기는 어려울지도 모른다. 뿐만 아니라 어쩌면 이러한 글을 통해서 간접적으로나마 비슷한 감성을 느껴 보는 일조차 불가능해지지 않을까? 옛 경관 요소들이 이 땅에서 사라지고 나면 거기에 기대어 살아 온 것들 또한 더 이상 이 땅에 남아 있지 못할 것이다. 그러한 모습을 보지 못한 시인이나 소설가의 글에서는 실감나는 묘사를 기대하기도 어려우리라. 김용택의 시집 『나무』(창작과비평사,

논 한쪽에 남아 있는 덤붕의 모습[16]
1. 1960년대 사람이 서서 두레를 조절하던 곳을 없애고 물이 들어오게 했기 때문에 원형과 약간 다르다.
2. 위쪽에서 흘러나온 물을 모아 두는 정도로 이용되는 것으로 추측된다.

2002)를 해설하며 남진우는 "아직도 꽃과 새, 바람과 별, 흐르는 강물과 푸르른 숲에 대한 시가 가능한가?"라는 의문을 벌써부터 던지고 있다.[14]

그런데 알고 보니 그 군우물이라는 것은 지금은 많은 사람들이 중요성을 아는 습지의 일종이었다. 그것은 홍수 때 물을 일시적으로 저장하여 하천의 수량을 조절하기 위해 인위적으로 만드는 유수지 구실도 자연스럽게 하였다.[15]

내 고향 땅에서는 덤붕이라 부르는 물웅덩이가 논배미나 논과 논 사이의 자투리 땅 곳곳에 있었다. 가물 때면 그 덤붕에서 두레로 물을 길어 논에 물을 대었는데, 박완서 씨가 군우물에서 본 생물들을 나도 그곳에서 보며 자랐다. 그 덤붕의 물을 모두 퍼 올리면 때로 진흙 속에 커다란 뱀장어가 숨어 있었다. 그날 밥상에는 고추장을 발라 석쇠에 올려 구운 장어구이 별미를 맛볼 수 있었다. 조악한 음식으로 허기를 때우던 시절에 단백질과 기름기를 제공하던 그 맛이라니!

사전을 찾아보니 지방에 따라 덤벙(경북), 둠뱅(전남), 둠벙(경기, 충청, 경남)이라는 단어를 사용한 것으로 나온다. "둠벙 망신은 미꾸라지가 시킨다.", "둠벙을 파야 개구리가 뛰어들지." 같은 속담도 있었다고 한다. 보아라, 우리는 이미 이런 속담을 잊어 가고 있지 않는가? 사람이 가까이 가면 개구리가 풍덩 뛰어들고, 개구리를 노리던 무자치가 살았으며, 미꾸라지와 뱀장어가 살았던 때를 나도 까맣게 잊어가고 있었다.

이러한 덤붕은 물을 퍼 올리는 어려움을 피하기 위해 유역의 위쪽에 저수지를 만들고 논둑을 반듯하게 고치면서 고향 마을에서도 사라져 갔다. 지금 와서 생각해 보면 그것은 새마을 운동이 안겨 준 하나의 잃음이었다. 물을 일시 가두고, 또 물에 포함된 부유 물질과 질소와 인을 제거하며, 많은 생물들을 키우기에 서구에서 요사이 일부러 만드는 유수지를 우리는 없애 버린 셈이다.

그러한 변화를 김용택 시인은 이렇게 읊었다. ●●●

> 들판의 논들을 다 뜯어고쳐, 길이란 길은 다 빤듯하게 그어 버렸다. 논두렁은 없고 길뿐이다. 우리들은 세상을 얼마나 더 뜯어고쳐야 평안을 얻을까. 고향산천을 막무가내로 뜯어고치는 건설의 포크레인 소리, 여기저기 엄청나게 파뒤집어 쌓아놓은 흙더미, 아, 아, 하루라도 좋다 건설 없는 평화로움 속을 나는 거닐고 싶다. 정말 우린 왜 사는가? 뜯어고쳐야 할 세상을 두고 사람들은 강과 산을 뜯어고친다.

——김용택, 「세한도」, 시집 『나무』에서

물이 얕게 머무는 땅, 습지

　서해안에서 흔히 볼 수 있는 갯벌이 아닌 거대한 민물 습지를 처음 구경한 것은 1987년 가을 조지아 대학교에 머물 때였다. 생태학연구소에서 버나드 패튼(Bernard C. Patten) 박사가 가르치던 체계생태학을 청강하던 나는 그가 계획한 습지 답사 여행에도 동행했다. 조지아 주와 플로리다 주에 걸쳐 있는 거대한 오커퍼노키 습지(Okefenokee Swamp)에서 하룻밤을 보내고, 물길을 따라 작은 보트로 구경을 했지만 별로 감동을 받지는 못했다. 이제 와서 그 까닭을 미루어 보면 지나치게 큰 땅이라 진면목을 알기 어려웠을 뿐만 아니라 당시의 나는 지금보다 훨씬 무식했던 탓이다.

　내가 우리 땅의 습지에 대해 처음으로 관심을 갖기 시작한 것은

아마도, 대학생 시절 육수생태학 연구실의 대학원생 선배들이 경기도 구리시 토평동에 있는 '장자못' 조사를 나가는 일을 막연히 바라보았던 때인 것 같다.

　남들이 서해의 넓은 갯벌을 포함하여 강원도 대암산 용늪과 경남 창녕의 우포늪, 울산직할시의 무제치늪[17]과 같은 희귀한 고산 습지를 살피고 있는 동안, 나는 흔하디 흔한 강가의 자투리땅을 맴돌았다. 어쩌면 그렇게 편협한 여정은 노곡천 시궁창에서 시작된 것인지도 모른다. 하수구 물에서 자라는 고마리와 소리쟁이의 수질 정화 기능을 생각하며 습지가 가진 다양한 면모를 보는 데는 시간이 오래 걸린 듯싶다.

　그러나 흐르는 물을 따라 걸으며 먼발치에서 바라본 얕은 물에 잠긴 습지가 은근히 마음속에 자리 잡았던 모양이다. 어느 때부터인지 습지는 내 강의 주제에 올라 있었다. 그러나 고백건대 나는 습지를 제대로 체험하지 못했다. 내게 강의를 들은 학생 서너 명이 남의 실험실을 빌려 지극히 작은 습지 모의실험으로 석사 학위 논문을 쓰는 동안에도 현장을 한 번씩 들여다보는 정도에 그쳤다.

　강의 자료에 자주 등장하던 습지의 주인공 윌리엄 미치(William J.

1, 2. 오커퍼노키 습지.[18]
3, 4. 강원도 대암산 용늪과 경남 창녕의 우포늪.[19]

Mitsch) 교수에게 몇 번 연락을 해 보았지만, 그는 대부분 답을 주지 않았다. 그러던 중 1995년 10월 덴마크의 요르겐센(Sven Erik Jorgensen) 교수가 우연한 인연으로 내 연구실에 들렀다. 우리는 미치와 요르겐센 교수의 공동 저서인 생태공학 책을 이미 읽은 터라 두 사람의 관계를 잘 알고 있었다.[20]

마침 안창우 군이 미치 교수에게 박사 과정 연구를 하고 싶어 애를 태우던 중이라 우리는 요르겐센 박사와 함께한 저녁 식사 자리에서 안 군의 입장을 얘기했다. 그때 나눈 얘기들은 대충 이러했다. 먼저 요르겐센 박사가 물었다.

"무슨 일을 하고 싶은가요?"

"습지와 생태공학을 공부할 계획입니다. 사실은 미나리와 미꾸라지를 포함하는 지극히 간단한 장치로 몇 가지 흥미로운 실험을 했습니다."

"이를테면 어떤 것들이지요?"

안 군과 나는 워낙 소규모 실험이라 어설픈 의문만 남겼지만 대충 미꾸라지가 미나리 생산을 촉진하는 것 같고, 장구벌레를 먹어서 생물학적 방제 가능성을 볼 수 있었다는 사실을 얘기했다.

"그것이 바로 생태공학입니다. 그 논문을 보여 줄 수 있습니까? 사실은 빌(미치 교수 이름의 약칭)이 1주일 후 내게 오기로 되어 있는데……"

그렇게 해서 안 군의 논문을 요르겐센 선생의 손에 쥐어 보냈다. 아니나 다를까 열흘 후 미치 교수의 전자 우편 연락이 날아왔다.

"나는 안창우 학생을 박사 과정으로 지도하고 싶소. 이번 여름 올랭탄지 습지를 방문하는 절차도 준비해 두겠소."

이런 인연으로 내가 오하이오 주립대학교의 올랭탄지 인공 습지를 찾은 것은 1996년 여름이었다. 미국생태학회에서 점봉산 연구 결과를 발표하러 가는 길에 미치 교수가 자랑하는 세계 최초의 인공 습지 장기 연구 단지를 구경하게 되었다. 그곳에 4주 동안 머무르면서 미치 교수가 펼치는 습지생태학 단기 과정에 참여하며, 습지의 중요성과 생태학, 인공 습지를 조성할 때 필요한 유의 사항 등에 관한 자료를 모으고, 습지에 관한 그동안의 생각들을 정리하여 원고를 만들었다.[21]

물이 얕게 머무는 내륙의 습지는 대체로 주변 지역보다 낮은 곳에 위치한다. 낮기 때문에 습지는 흐르는 물과 바람과 함께 주변의 찌꺼기가 몰려드는 곳이다. 또한 생물 활동에 필수적인 햇살과 물 그리고 먹이가 풍부하니 온갖 생물들이 머물러 가기를 좋아하는 곳이다. 그리하여 습지는 몰려든 잡동사니들을 다양한 생물자원으로 전환하는 데 길들여져 있는 땅이다.

오염 물질 정화 기능을 강조하여 흔히 습지를 자연의 콩팥이라 한다. 마치 우리 몸의 콩팥이 오줌과 함께 빠져나가는 당분과 영양소를 걸러 주듯이, 습지는 땅에서 수자원으로 흘러드는 부유 물질, 영양소, 농약과 같은 온갖 잡동사니들을 걸러 주는 마지막 관문이다. 거기에 식물이 자라기 시작하면 몰려든 물질들은 습지에 쌓이고, 동물 및 미생물과 어우러져 그 잡동사니들을 가공하여 생물자원으로 전환한다. 그리하여 습지는 오염 물질의 소멸처일 뿐만 아니라 다양한 생물들의 생산처이니 오염 물질을 생물자원으로 바꾸는 전환처이다. 결과적으로 습지를 통과한 물은 깨끗해질 수밖에 없다.

그런 까닭에 미국 올랭탄지 강가의 오하이오 주립대학교 캠퍼스 안에 조성해 놓고 1994년 3월부터 물을 끌어들여 관찰하고 있는 습지 연구 공원에서는 2.5에이커(약 1헥타르) 면적의 인공 습지 두 개를

콩팥 모양으로 이웃시켜 놓았다. 이 습지의 운영과 장기 연구를 맡고 있는 대학의 1995년 보고서는 습지를 잃으면 생물 다양성 유지와 홍수 방지, 수자원 정화 능력을 상실한다고 주장하고 있다. 실제로 그들의 인공 습지는 가동 첫해에 습지를 나가는 물의 용존 산소가 들어오는 물보다 43퍼센트 정도 높았으며, 탁도는 66퍼센트 낮았다. 또한 1년 동안 습지의 1제곱미터당 면적에서 질소는 79~83그램, 인은 6그램이 제거되었다. 1996년 전까지 습지 주변 지역으로 찾아오는 새도 120종으로 습지 조성 전보다 8퍼센트 증가했다.

이런 이유 때문에 많은 국제기구들이 새로운 습지를 만들도록 요구하고 있다. 이를테면 미국의 학술원은 2010년까지 미국에만 1000만 에이커(40,468제곱킬로미터)의 습지를 복원하거나 새로 만들도록 요구하고 있다. 이는 남한 땅의 반이 조금 못 되는 면적이다.

오하이오 주립대학교에서 들은 습지 조성 단기 과정은 주 정부의 교통부 직원과 습지 건립 대행 회사 직원, 학생들의 열기로 가득했다. 교통부 직원은 도로 건설로 습지를 훼손할 때 그에 상응하는 면적의 새로운 습지를 만들도록 하는 미국의 법에 대처하기 위해서 그 과정에 참가했다고 했다. 공사로 대안이 없는 자연 습지를 메워야 할 경우에 법은 그에 상응하는 면적의 새로운 습지를 만들도록 규정하고 있으며, 실제로는 2배 이상 만들어야 공사가 허가되는 경우가 많다는 말도 들었다. 이런 상황 때문에 습지 조성 대행 회사가 설립되고 있어 전문 지식을 갖춘 직원이 필요하다고 했다.

반면에 우리는 지난 세월 동안 뒤처진 것이 걱정되어 빠르고 큰 것만을 바라보며 살아왔다. 작은 땅에 사는 것이 아쉬워 땅을 다투며 살았다. 그런 마음 때문에 대형 댐을 만들어 습지를 영원히 물에 잠가 버리고, 대규모 매립 작업으로 덮어 버렸다. 이름마저 잊혀진 민물 못과 강가의 물먹은 땅들을 포함하여 을숙도, 천수만, 새만금의 습지들이 차례로 무너졌다. 제5공화국은 한강 물가에 남아 있던 습지에 시멘트를 부어 마지막 숨통을 조여 버렸고 지금도 그런 잘못들은 전국 곳곳에서 멈출 줄 모르는 관성으로 남아 있다.

우리 땅에서 대부분의 민물 습지들은 개발이 한창이던 시절에 기록조차 되지도 않은 채 사라져 버렸다. 그때는 그렇게 사는 것이 존경의 대상이었으니 어쩔 수 없었다고 하자. 그러나 이제는 그 잘못을 멈추어야 할 때다. 우리도 이제는 습지를 더욱 많이 만들어야 한다. 우선은 필요하고 손쉬운 곳부터 시작하자. 땅값이 싼 농가의 하수구와 축산 폐수가 넘쳐흐르는 곳에 작은 못과 습지를 곁들이면 물과 영양소를 잡아 둘 수 있다. 2차 처리된 생활하수들이 습지를 거쳐 가도록 해 놓으면 값비싼 처리 시설을 갖춘 3차 처리를 대신할 수도 있다. 폐광의 녹물이 흘러내리는 곳도 큰 웅덩이를 만들어 물이 멈추어 가게만 해도 자연정화 기능은 더욱 발휘된다.

3

1, 2. 미국 오하이오 주립대학교 캠퍼스 안을 흐르는 올랭탄지 강과 습지. 습지 가운데에 걸쳐 있는 나무다리는 습지를 관찰하고 시료를 채취할 때 이곳을 교란시키지 않기 위해 마을 주민들의 자원 봉사로 만들어졌다.[22]

3. 한때 매립되었으나 다시 습지로 복원하고 있는 현장 모습.[23]

커다란 저수지로 물이 흘러드는 골마다 목책이나, 돌그물[24] 또는 작은 댐을 만들어 두면 토사를 걸러 저수지의 수명을 연장할 수 있다. 세월이 흐르면 그런 곳에서 오염 물질을 자원으로 전환시키는 습지가 생겨나서 자연은 미소를 지을 것이다.

이미 되돌릴 수 없는 과오도 있겠지만 없애 버린 습지의 복원도 검토해야 한다. 강터의 시멘트를 떼어 내고 습지로 되돌려야 한다. 지금 당장은 돈이 들더라도 장기적으로 그렇게 하는 것이 더 이익일 것이 분명하다. 사라져 가는 것을 지키기만도 힘들어 잃어버린 땅을 되찾자는 주장은 엄두도 못 내고 있는 처지가 이해되기는 하지만 지나친 목적지를 되돌아가는 것이 옳은지도 모른다.[25] ● ● ●

따로 보기 6
생태공학

생태공학(ecological engineering) 또는 생태기술(ecotechnology)은 인간과 자연의 공존을 위해 자연환경을 포함하고 있는 인간 사회 구성 요소에 대한 설계 과정으로 정의할 수 있다. 그리고 생태학에서 발굴한 원리와 정량적인 자료를 바탕으로 자연환경을 디자인하는 과정을 포함하고 있다는 의미에서 공학이라 할 수 있다. 자연이 자체적으로 이루어지는 과정 또한 주요 도구로 활용하는 기술이며, 지구상에 있는 모든 생물종을 설계 요소로 고려한다.[26]

생태공학은 생태계 수준 이상에서 일어나는 통제 기능과 자연 체계의 자기 조직화 원리를 이용한다. 생물종과 군집, 생태계에 초점을 맞추고 이용하는 점에서, 인공 장치로 오염 물질을 제거하거나 변형시키는 기술들과 구별된다. 생태공학은 오염, 기후 변화, 토지 교란과 같은 인간의 영향으로 훼손된 생태계를 복원하고, 인간과 생태적 가치를 가지는 지속 가능한 생태계를 발전시키며, 기존 생태계의 생명 부양 가치를 확인하고 보호하는 것을 기본 목적으로 한다. 이러한 생태공학의 특징을 화학공학과 유전공학과 비교해 보면 아래와 같다. 主

표 3 생태기술의 기본 특징

	기본 원리	기본 단위	제어	디자인	생물 다양성	유지, 개발 비용	에너지원
생태기술	생태학	생태계	강요 기능[27]	유기체 인공 보조와 자연 디자인	보호	적당	태양 에너지
유전공학	유전학, 세포학	유전자, 세포	유전 구조	인공 디자인	개조	다량	화석 연료
화학공학	화학	화학 물질	화학 반응	인공 디자인	-	다량	화석 연료

(자료: Mitsch & Jorgensen, 1989; 이도원과 유신재, 1993 수정)

따로 보기 7
논을 더욱 습지답게 하자면

논은 인공 습지다. 여름 내내 논에서는 습지가 가진 기능들이 발휘된다. 물이 고여 있는 땅이니 당연히 습지다.

어린 날 겨울이면 꽁꽁 얼어붙은 무논에서 썰매를 타며 긴 방학을 보내곤 했다. 지금은 그런 풍경을 보기 어렵다. 썰매 타기는 더 이상 매력이 없는 놀이이기도 하지만 어디를 둘러보아도 이제는 겨울 무논이 별로 없다.

만약에 겨울에 물을 구하는 일이 어렵지 않다면 일부 논에 물을 대는 일을 다시 한 번 고려해볼 필요가 있다. 그렇게 주장하는 까닭은 이렇다.

땅속으로 스며드는 물이 아까워 시골 도랑에는 차츰 콘크리트가 놓이고 있다. 이런 변화는 여름에 더 많은 물을 벼논에 공급할 수 있게 할지 모른다. 그러나 지하로 들어가는 물의 양을 줄이게 된다. 아마도 내가 어릴 때보다 시냇물이 훨씬 많이 줄어들어 바닥을 들어내는 까닭도 이것과 무관하지는 않을 듯하다. 따라서 먼저 콘크리트 수로가 유역 전체 차원에서 장기적으로 수자원을 효율적으로 사용하는 방식인지 살펴보아야 한다. 콘크리트 수로가 어느 정도 범위로 늘어나면 집중 홍수가 올 때 한꺼번에 많은 물을 하류 지방으로 보내어 홍수 피해를 늘릴 수도 있다.

이런 상황에서 겨울에 남아도는 물을 논에 댄다면 지하로 들어가는 물은 늘어나고 시간을 두고 스며 나오는 물로 시냇물을 보충할 수도 있다. 그 물은 여름에 아래 논을 적셔 줄 수 있고, 물속에 사는 많은 생물들이 살 수 있는 공간을 넓혀 줄 것이다.

미국 캘리포니아 주에서는 추수가 끝난 다음

▶ 근래에 우리 농촌 경관으로 파고드는 콘크리트 수로.[30] 뒤편으로 한때 작은 마을숲이었던 곳에 남아 있는 나무 한 그루가 보인다.

논에 물을 대었더니 찾아오는 철새가 늘어났다고 한다.[28] 정확한 이유는 아직 모르지만 볏짚에 규소의 농도도 증가했다고 한다.[29] 규소 함량이 많은 볏짚이 어떤 효과가 있는지 모르지만 쓸모가 있단다.

한편 겨울마다 물을 대면 해가 지나면서 토양의 비옥한 정도가 떨어진다는 말도 있으니 어떤 빈도의 물대기가 마땅한지 연구 검토해 볼 필요는 있다.

콘크리트 수로는 한 번씩 물을 빼고 미꾸라지를 잡던 재미도 앗아갔다. 도랑 뻘에 살던 미꾸라지는 어디로 갔을까? 만약 논으로 피해 있었다면 말라비틀어진 논에서 겨울을 나기는 어려울 것이다. 내가 얼음지치기를 하던 논바닥 아래에는 어떤 생물들이 살고 있었을까? 잠자리 애벌레들은 어디서 겨울을 보냈던 것일까? 분명히 겨울 내내 마른논과 물이 차 있는 논이 자아낼 수 있는 생물 서식 공간은 다를 것이다. 생물 다양성과 관련된 일을 하는 기관은 한 번 정도 이것을 비교해 보는 것이 어떨지?

강터의 수풀

날씨가 좋은 날이면 낙성대에서 서울대학교 기숙사 앞을 지나는 길도 비교적 걸을 만하다. 한때 나는 그 길을 자주 걸을 수 있는 행운을 누리고 있었다. 그리고 기회가 닿으면 생각이 여물 여지를 만들기 위해 그 길을 걷곤 했다. 그때는 강물의 흐름이 느린 곳에서 물질이 머물듯이 느린 발걸음에 맞추어 때로 괜찮은 생각이 머물기를 바라며 서두르지 않는다. 그러기에 시선과 마음이 길을 곧장 따르지 않고 때로 옆길로 새는 것은 어쩌면 내가 의도하는 바이다.

호암생활관을 지나면 서서히 오르막길이 시작된다. 서울대학교 뒷문 수위실과 기숙사 앞을 지나면 단장한 보도의 느낌이 다르다. 보도 옆에는 잔디밭이 깔려 있고 위로는 곧장 나무들이 자라는 자그마한 산으로 이어진다. 5월 중순 어느 날 아침 포장 보도와 만나는 잔디밭에 무엇인가 하얗게 곰팡이처럼 얽혀 있는 모습이 보였다. 차도 건너 저편에는 은사시나무가 예닐곱 그루 서 있었다. 그 나무에서 날아온 솜털 종자가 소복하게 쌓여 자아낸 양상이다. 이것들이 왜 하필이면 길 건너 이쪽으로 몰려와 모이는 것일까? 좀 더 오르니 이울어져 떨어진 벚나무 꽃의 깍지(정확하게 말하면 꽃받침)가 보도를 이웃한 풀

▼ 보도와 풀밭이 만나는 곳에 모여 있는 은사시나무 솜털 종자.[31]

밭 변두리에 쌓여 있다.

아하! 가장자리는 받개(receiver)가 아니면 주개(donor)구나. 그러기에 변두리는 본질적으로 집적거림을 받는 곳이구나. 자고로 변방은 편안하지 않은 곳이다. 경계를 가로질러 물질과 에너지, 정보가 들락거리고 있으니 변화가 심하고, 한시도 안정될 날이 없는 곳이다. 신경을 곤두세우지 않으면 변화의 물결을 타지 못하고 휩싸여 어디로 사라질지 모르는 곳이다. 하지만 그러기에 변방은 힘차고 모험과 변화를 즐기는 젊음의 장소이다. 그곳에는 그에 걸맞은 움직임이 있어야 하고, 또 강한 움직임을 누그러뜨릴 경관[32]과 문화가 있어야 보는 사람에게도 편하다. 그렇지 않으면 그곳에 머물거나 바라보는 이의 마음에 갈등을 낳는다.

보도 옆 잔디밭에 솜털 종자와 꽃 깍지를 쌓이게 한 까닭은 무엇일까? 그것은 바탕의 거칠기다. 도로는 원래 차와 사람의 흐름을 순조롭게 하는 것이 기본이다. 차도상의 물류(物流) 정체는 도로가 원래 바라던 바는 아니다. 따라서 자동차 통행을 방해하고 발길에 걸리는 거친 돌출부는 거슬리게 마련이다. 그러나 길에는 때로 차와 사람이 머물러도 좋은 마디가 있어 흐름의 완급이 연결될 필요가 있다.

하천의 수로는 물이 흐르는 곳이다. 하천 수로에도 때로 흐름의 완급이 있다. 여울에서는 빠르고 웅덩이[沼]에서는 느리다. 흐름이 느린 곳에서는 물질이 정체한다. 물도 머물고 물이 안고 있는 물질도 그곳에 머문다. 그렇게 머물기에 옆으로 위로 아래로 새어 나갈 여지가 상대적으로 높다. 수로에서 물질이 머물 여지가 있는 다른 곳은 강변이다. 강물과 주변 땅이 만나는 곳, 그곳의 거칠기는 들고 나는 물질의 속도를 제어한다. 물질을 잔뜩 안고 가는 길의 거칠기가 크면 클수록 물은 힘들다. 힘이 들면 놓고 가기 마련이다. 그래서 강변에는 물질이 쌓이는 것이 자연스럽다. 그러기에 강변은 적당히 거칠 필요도 있다. 그렇지 않으면 강물이 싣고 가는 토사와 쓰레기가 저 아래 저수지를 더 빨리 메울 것이다.

수로의 가장자리가 만나는 강변을 인위적으로 포장하는 재료는 자연적인 경우보다 덜 거칠다. 물의 흐름이 빠르기를 바라는 급한 인간의 마음과 부합되는 물질로 덮였기에 그것은 당연하다. 반면에 강변에서 자연스럽게 자라는 식물은 그런 인공 재료보다 더 거친 바탕을 만든다. 식물은 그곳에 거칠기를 보태기 때문에 물의 흐름을 방해한다. 물의 흐름이 느린 곳에 물질은 머무른다.

강가를 따라 나타나는 좁은 습지는 거친 바탕과 독특한 생태적 특징 때문에 토지 이용에서 조심스럽게 고려되어야 할 대상이다. 그곳엔 때로는 물에 잠기고 때로는 공기 중에 노출되는 범람원이 있다. 또한 강가의 서식처는 길쭉한 띠 모양이어서 전체 크기에 대한 가장자리의 비율이 매우 높고 본질적으로 전이대의 성격을 가진다. 이들은 기능적인 생태계로서 매우 풍부한 에너지와 영양소, 생물적 상호작용을 연출시키고 있다. 이러한 강가의 식생 지대가 이웃한 물과 땅으로부터 물질을 받아서 변환시키고, 다시 이웃한 물과 땅, 대기 중으로 주는 과정을 살펴보면 표 4와 같이 요약할 수 있다.

수변과 습지를 이웃하여 흐르는 물에는 흙 알갱이를 포함하는 부유 물질과 물에 녹아 있는 용존 물질이 포함되어 있다. 특히 부유하거나 녹아 있는 유기물은 미생물에 의해서 분해될 때 산소를 소모하여 생화학적 산소 요구량을 높인다. 이러한 물질은 수변 식생 지대에서 유수 에너지가 감소되어 침적되거나 식물 줄기 사이를 지나면서 여과된다. 수변 생태계는 수자원에 포함된 병원균을 제거한다. 부유하고 있는 병원균을 침전시키며, 자외선이나 고등식물 뿌리에

표 4 강가의 습지에서 일어나는 수중 성분의 포착 및 변환 작용

성분	포착 및 변환 작용
부유 물질	침적/여과
산소 소모 물질	미생물 분해, 침적
병원균	침적/여과, 자연 사멸, 식물에 의한 항생 물질 분비
질소	질산화 작용, 탈질 작용, 식물과 미생물 흡수, 암모니아 휘산
인	침적, 토양 흡착, 식물과 미생물 흡수

(자료: Brix, 1993 수정)

서 분비된 항생 물질이 병원균을 무력화시키기도 한다.

물에 포함된 유기 질소는 무기화된 다음 암모니아 형태로 공기 중으로 날아가거나, 식물과 미생물에 의해 흡수된다. 대부분의 암모니아는 질산화 과정을 거쳐서 질산염이 된다. 질산염도 일부는 식물에 의해서 흡수되고 탈질균의 작용으로 하늘로 날아간다. 탈질균에 의해서 질산염이 질소나 아산화질소로 변하는 과정을 탈질 작용이라 한다. 하천과 주변 습지 사이에 존재하는 다소 좁은 폭(20~50m)의 전이 지대에서 탈질 작용은 왕성하게 일어난다. 왜냐하면 그곳에는 탈질균이 좋아하는 유기물과 질산염이 풍부하고, 싫어하는 산소가 적기 때문이다. 강가의 식생 지대에서는 유속이 느려 물의 체류 시간이 길고, 그 결과 토양에서 공기 흐름이 원활하지 않아 혐기성 조건이 되며, 물에 녹아 있는 유기물(dissolved organic matter)이 많이 공급되어 최소 50퍼센트 이상의 질소가 제거된다.

초지보다 포플러 숲으로 이루어진 수변 생태계에서 지하수에 존재하는 질소를 제거하는 효과가 더 큰 경우도 있고,[33] 탈질 작용이 큰키나무가 자라는 곳보다 초지에서 우세하며 지하수에서 유입되는

질산염보다 오히려 더 많은 양의 질소를 제거하는 경우도 있다.[34] 아무튼 강변이나 작은 연못의 초본으로 이루어진 습지는 탈질 반응으로 폐수에 포함된 질소를 제거하는 주요한 곳임에 틀림없다.

호기성 상태에서 인은 주로 점토나 철이 풍부한 토양 표면에 결합된 다음 높은 곳에서 침식되어 떠내려가는 동안 식물이 있으면 유속이 느려지면서 퇴적된다. 물에 녹아서 이동하는 인의 경우는 미생물이나 식물 뿌리에 의해 흡수된다.[35] 그러나 토양이 범람으로 침수되어 혐기성 조건이 형성될 때에는 토양에 흡착되어 있는 인이 물에 쉽게 녹아 나오게 된다.

결국 표면의 거칠기가 높을수록 물에 떠 있던 부유 물질이 쉽게 침전되고, 이러한 침전물을 산소가 풍부한 호기성 상태로 유지시키는 조건이 지표 유출수에 포함된 인을 제거하는 데 중요한 부분이다. 그러나 질소에 비해서 물가의 식생 지대에서 인이 제거되는 효율은 뛰어나지 못하다. 질소의 탈질 작용과 달리 인의 경우는 기체 형태로 공기 중으로 날아가는 과정이 없기 때문이다. 그래서 강변과 습지의 자연적인 인 제거 기능은 시간이 지나면서 줄어든다. 따라서 제거 효과를 지속시키기 위해서는 수변 지대에 누적된 인을 다른 곳으로 옮기는 과정이 필요하다.[36]

강가의 습지에서 질소와 인은 모두 수위의 변동 빈도와 기간, 호기성 층과 혐기성 층의 상대적인 두께, 물의 체류 시간(즉, 물이 통과하는 동안 영양 물질과 습지 생태계와의 접촉 시간), 습지에 도달하는 영양 물질의 부하량에 의해서 좌우된다. 물에 포함된 질소와 인의 양이 지나치게 많지 않고 또 흐름이 느리면 제거되는 효과가 크다. 상부 지역과 결합하여 자연적인 습지의 관계를 이해하기 위해서는 보다 정확한 자료와 장기적인 연구가 필요하다. ● ● ●

물으로 가는 길

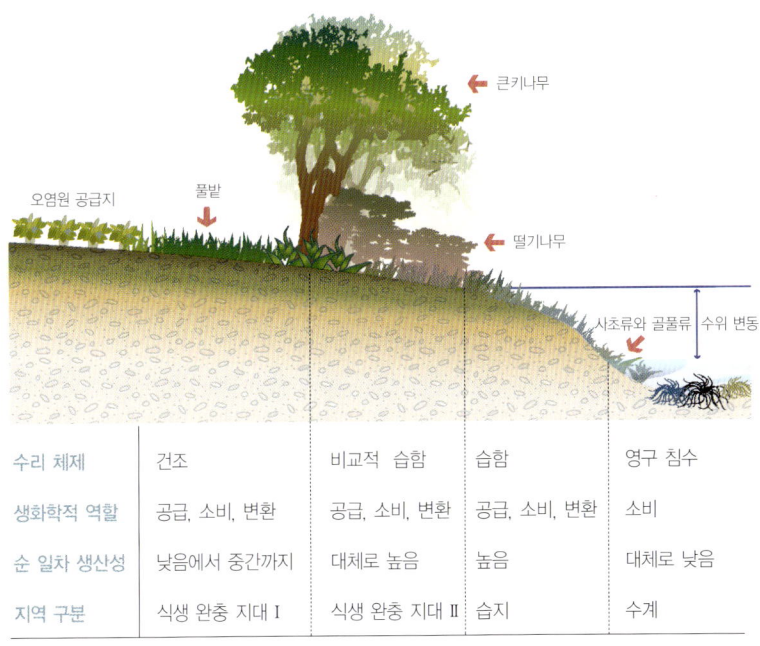

수리 체제	건조	비교적 습함	습함	영구 침수
생화학적 역할	공급, 소비, 변환	공급, 소비, 변환	공급, 소비, 변환	소비
순 일차 생산성	낮음에서 중간까지	대체로 높음	높음	대체로 낮음
지역 구분	식생 완충 지대 I	식생 완충 지대 II	습지	수계

◀ 하천변 식생 지대의 수리적, 생태학적 특징 구분.[57]

이렇게 땅과 상류로부터 물에 떠밀려 내려온 물질이 강가의 식생 지대에 쌓인다. 그러나 세월이 가면서 쌓이는 물질이 늘어간다. 이렇게 머무르는 물질은 어디로 가며, 어떤 힘으로 옮겨 가는 것일까?

그곳에 쌓인 물질의 일부는 더 아래로 떠내려가고, 일부는 하늘로 날아가고, 일부는 식물의 흡수와 광합성으로 형질이 변형된다. 물이 닿는 강가는 물질이 쌓이는 만큼 생산성이 높다. 그런 과정에서 강가의 식생 지대는 물질의 소멸처(sink)가 아니면 공급처(source)이며

▲ 도랑 위의 거미줄.[30]

본질적으로 변환(transformation)이 일어나는 곳이다. 또한 식생이 풍부한 물가는 야생 동물을 끌어들이는 매력이 모인 곳이기도 하다. 생물의 대사에 필수적인 물과 유기물이 풍부하기 때문이다. 광합성 산물은 식물의 형태로 저장되어 거친 표면을 만들고 새 및 야생 동물의 은신처를 제공하며, 위에서 떠내려 와서 걸린 유기 쇄설물들과 함께 벌레들의 먹이가 된다.

생산된 유기물은 다양한 먹이사슬 경로를 따라 전달되고, 생물 이동이라는 힘에 의해 육지로 되돌아가기도 한다. 이를테면 수많은 곤충들은 물에 사는 무척추동물로서 애벌레 시절을 보내며 먹이사슬의 한 고리가 된다. 새들은 이 애벌레들을 먹고는 숲 속에 가서 쉬며 배설하여 물질을 땅으로 보낸다. 또한 물에 살던 애벌레들은 곤충으로 탈바꿈하여 날아오름으로써 몸에 담긴 영양소들을 육지로 되돌려 보낸다. 나뭇가지와 잎이 걸려 있는 시내 위나 물가에 특히 많은 거미줄이 있다는 사실을 아는가? 거미는 하루살이나 각다귀가 더러운 물에서 날개돋이[羽化]하여 떠오른다는 사실을 아는 것이다.

이와 같이 끊임없이 쌓이는 영양소를 땅 위로 퍼 올리는 자연의 힘을 상상해 보라. 그 힘들이 없으면 우리의 물은 더욱 부영양화된 상태로 남아 있을 것이다. 물과 물가에 모인 영양소를 퍼 올림으로써 깨끗한 물을 선사하는 자연의 힘에 감사하자. 조경가는 이 전환과 이동을 북돋우는 자연의 힘을 배척하지 않는 환경 설계를 궁리해야 한다.[38] 생태학자는 땅이 물에 주는 선물과 물의 보답이 어떤 원리와 경로를 따라 이루어지는지 탐구해야 한다. ● ● ●

식생 완충대를 만나다

1983년 여름부터 나는 미국 버지니아 공대 토목공학과의 한 분과로 있는 환경과학 및 공학 프로그램의 박사 과정 학생으로 고전하고 있었다.[40] 그로부터 이태 전, 나는 아메리카 대륙의 최고봉 아콩카과 등산을 목적으로 아르헨티나로 갔다가 돌아오는 길에 로스앤젤레스에 들려 작은 녹음기를 하나 샀다. 그 녹음기에는 이제 돌아가면 창창하게 남은 앞일을 도모해야 한다는 절박한 마음이 담겨 있었다. 그렇게 해서 나이 서른에 처음으로 영어 듣기 연습을 시작했다. 안타깝게도 그 무렵 나는 미국 유학이라는 돌파구 찾기를 시행했지만 떠도는 정보를 받아들일 수 있는 훈련이 충분히 되어 있지 않았다.

그 당시 버지니아 공대 환경과학 및 공학 프로그램에는 매주 수요일 오후에 열리는 1시간의 세미나가 있었다. 처음 그 프로그램의 과장을 만났을 때 그는 나에게 그 세미나를 수강하도록 권유했다. 그때 어떻게 의사를 전달했는지 지금은 기억이 분명하지 않지만, 영어를 제대로 알아듣고 말할 수 없기 때문에 세미나를 나중에 듣겠다는 표현을 했다. 그러자 그는 말하지 않아도 되니 그냥 와서 들으라면서 재차 권유했다. 알고 보니 그 강의는 매 학기마다 수강할 수 있으며 매주 졸업생의 논문 결과나 현장에서 일하는 분들의 경험에 대해 듣는 형식으로 진행되었다.

매주 세미나를 마치면 학과의 여러 가지 소식을 교수와 학생들이 교환하는 기회를 가졌다. 나는 지금 우리의 대학이 왜 이런 시간에 인색한지 궁금해하고 있다. 어차피 공부란 정보를 캐고 생산하며, 또 정보를 전달하는 과정일진대 통속적인 전달 매체에 매여 있는 우리 교육 프로그램의 유연하지 못한 모습이 조금은 안쓰럽다. 강의실에 매달려 있는 지금의 정보 전달 체계에 싫증을 느끼면서도 나는 아직 대안을 찾지 못하고 있다. 다만 다양한 형식으로 세대와 세대 사이의 정보 전달 방식이 더 많이 발굴되고 시도되는 풍토가 허용되었으면 하는 간절한 바람만 있다. 얘기가 어긋나는 것 같기도 하지만 나는 "공부는 관념이 아닌 행위이며, 그 행위는 현실적으로 인간의 형성을 지향한다."는 김용옥 씨[41]의 표현에 깊이 공감한다.

난생 처음으로 연구 팀에 참여하다

어느 날 세미나가 끝난 자리에서 나중에 지도 교수가 된 셰라드(Joseph H. Sherrard) 교수는 자기가 새로 진행할 세 가지 프로젝트를 소개했다. 처음 내가 그 프로그램에 갔을 때 그는 안식년으로 스페인에 가 있었다. 학교로 돌아온 지 얼마 되지 않은 무렵이라 강의실에서 그를 보기는 처음이었다. 내 엉성한 정보 포착 장치는 강의 중 대부분의 말을 모두 흘려버리고 'vegetative buffer strip(식생 완충대)'라는 단어만 새겨들었다.

세미나가 끝난 다음 나는 그를 방문하여 식생 완충대에 관한 연구를 하고 싶다는 뜻을 표현했다. 마침 10쪽 정도의 영문으로 만들어 놓은 석사 학위 논문 요약이 효력을 발휘했다. 첫 학기에 버지니아 공대 캠퍼스 안에 있는 참나무와 잣나무 아래 토양의 영양 상태를 비교하는 실험으로 열심히 작성해 두었던 보고서도 서투른 영어 말

1, 2. 미국 동부의 전형적인 식생 완충대의 모습과 실험을 하기 위해 만든 곳.

하기를 보충하기에 충분했다. 그는 농업공학과에 있는 딜라해(Theo A. Dillaha) 교수와 공동 과제를 수행하고 있기 때문에 다음 주일에 그와 함께 만나자는 제안을 했다.

그렇게 해서 나는 식생 완충대의 일에 관여하게 되었고 그것이 박사 학위를 위한 논문 주제가 되었다. 컴퓨터와 모형에 겁먹어 실험 연구를 구상하고 있던 나에게 두 사람의 지도 교수는 모형 구축을 강요하다시피 떠맡겼다. 그렇게 하여 그동안 담쌓고 있던 일과 인연을 맺어야 하는 상황은 나를 더욱 힘들게 만들었다. 그러나 이것은 결국 새로운 경험으로 발전하여 학생과 지도 교수 모두에게 좋은 결실을 맺어 주었다. 상을 받을 만큼 큰 능력이 없는 내게 그 논문의 결과는 미국 토목공학회 환경공학 분야 전문지(《Journal of Environmental Engineering》)에서 1989년 발표된 수문학 부문 최우수 논문에 선정되는 영예를 안겨 주었다. 나중에 학회의 정기 학술 대회에서 샌프란시스코로 상을 받으러 오라는 통지를 받았지만 이런저런 까닭으로 참석하지 못했다. 그때 보내온 상패는 내 연구실 보관함에 들어 있고, 수상 경력은 내 이력서를 장식하는 한 줄이 되었다.

두 사람의 지도 교수는 논문 작성과 관련된 몇 개의 학과목 수강을 권유했다. 그리하여 수리학을 전공하던 쿠오 박사와도 인연이 닿았다. 아울러 자율성도 허용되어 내 스스로 생물학과의 웹스터(Jack R. Webster) 교수의 생태계 모형과 산림학과 버거(James A. Burger) 교수의 숲토양학 강의를 듣고, 그분들을 논문 심사 위원으로 모셔 도움을 받는 계기를 마련하기도 했다. 과제가 결정되는 대로 주제에 맞추어 강의를 듣도록 계획하고 이후의 변경 사항은 반드시 심사 위원들의 허락을 받도록 되어 있었다. 이 과정에 심사 위원들의 조언을 들으며 수강과 연구 생활을 병행하게 하는 이러한 체계를 나는 우리나라에서는 아직 보지 못했다. 그러나 그것은 매우 효율적인 논문 지도 방식이다.

이런 경험 때문에 나는 학생들에게 가끔씩 얘기한다. 종합 과학을 한다고 이것저것 수강하는 것은 결코 좋은 공부 방식이 아니다. 종합 과학은 결코 혼자서 할 수 있는 일이 아니다. 비록 가능하다고 하더라도 그것은 천재의 몫이다. 종합 과학은 특기를 가진 학자들이 각자의 장점을 살려 한 단계 높은 개념이나 기술을 이끌어내는 것이다. 이 연구 팀에 합류할 수 있는 자격은 이것저것 많이 아는 정도가 아니라 남들의 장점을 이해하는 능력과 함께 자기의 분명한 특기를 가지는 경우에 얻어지는 것이다. 그러한 특기는 제한된 힘을 흐트리지 않고 특정 분야를 집중적으로 훈련함으로써 가질 수 있다.

학문을 전쟁에 비유하는 것이 좀 그렇기는 하지만 병법도 조금 알고, 검법도 좀 익히고, 활도 좀 쏠 줄 아는 사람들을 모은 왕보다는 하나라도 제대로 하는 다양한 사람들을 모은 왕이 전쟁에서 이길 가능성이 훨씬 크다. 마치 태권도와 검도, 유도를 한꺼번에 조금씩 훈련하면 최고의 고수가 되기 어렵듯이 이것저것 하느라고 힘을 분산

시키는 접근은 학문 세계에서도 결코 이롭지 않다. 한 분야를 이룬 다음 그 훈련에서 익힌 경험을 바탕으로 더욱 필요하다고 생각되는 분야의 공부로 넓혀 가는 것이 더 효율적이다. 이것저것 많이 아는 것이 아니라 지식을 익히는 방법을 배우는 것이 공부이다. 검도의 고수가 자기와 맞선 유도나 태권도 훈련자의 수준을 어느 정도 가늠할 수 있듯이, 자기 분야에서 내공을 충분히 닦은 사람만이 다른 분야의 알짜를 알아보는 안목을 갖추게 된다.

아무튼 논문 주제에 맞추어 모든 것을 진행한 덕분에, 서툰 영어와 수학 실력에서 출발하였으나, 과정을 시작한 지 3년이 조금 지나 논문을 완성했다. 그런 과정에 막연히 겁내고 있던 대상인 모형과 체계 분석의 속성과 토양학에 대한 내용을 소개받을 수 있었다. 내 고집대로 실험 공부에만 충실했다면 모형과 체계 분석에 대한 동경은 영원히 남을 뻔했으니 지난날 가르침을 주신 두 분의 지도 교수께 감사하지 않을 수 없다.

식생 완충대란, 특성이 다른 두 지역의 중간에 위치하여 양쪽의 특성을 완충해 주는 지대라고 정의할 수 있다. 이를테면 소음이 심한 지역과 주택지 사이에 숲을 형성하여 주택지의 소음 공해를 줄인다면 그 방음림은 식생 완충대가 된다. 바람이 불어오는 지역을 마주 보고 바람의 세기를 완충해 주는 경우도 하나의 보기가 될 것이다.

그러나 여기서 살펴보는 완충 지대는 오염 물질이 발생하는 지역과 수자원 사이에 놓여서 수자원의 오염 정도를 완충하는 곳을 의미한다. 앞서 살펴본 강가의 습지가 가진 물질 포획 작용은 육상의 식생 지대에서도 강도의 차이만 있을 뿐 거의 적용된다. 오염된 지표 유출수와 지하수가 식생 완충대를 통과하면 부유 물질, 질소나 인 등의 영양소, 병원균, 농약 등의 농도가 감소되니, 식생 완충대는 오염 완충 기능을 가진다.

그런 까닭으로 1980년대 초 미국의 토양보존국(Soil Conservation Service)은 버지니아 주를 중심으로 농부들에게 밭의 아랫부분에 잔디밭을 형성하여 토양 유실을 방지하고 수자원을 보호하도록 장려했다. 그러나 이미 밭으로 된 땅에 잔디를 심는 일은 경작 면적의 감소를 감수해야 하는 결정이다. 따라서 어느 정도의 면적의 농토를 식생 완충대로 바꿀 것인가는 중요한 숙제였다.

식생 완충대의 효력

이런 숙제를 해결하기 위해 흔히 너비가 다른 여러 식생 완충대의 폭을 여러 가지로 설정하고 효력을 비교해 볼 수 있다. 그러나 그 모든 것을 실험하자면 지나치게 긴 시간과 인력 그리고 예산이 필요하다. 그 대안으로 생각할 수 있는 것이 계산이다. 다만 계산 과정이 복잡하기 때문에 조금은 복잡한 수식과 컴퓨터가 필요하다. 이와 같이 컴퓨터를 이용한 계산 과정을 우리는 컴퓨터 모형 구축이라 한다. 그러나 일반적으로 계산 결과는 그 과정이 복잡하면 복잡할수록 어느 곳에서 실수를 할 수 있는 위험이 도사리고 있다. 따라서 계산 과정이 맞는지 실험적으로 증명하는 검증 과정이 필요하다.

그리하여 식생 완충대의 영양소 보유 능력을 살펴보기 위해 수문학과 생물학적 요소를 고려한 컴퓨터 모형을 구축하고, 그 모형이 잘 맞는지 검증하기 위해 실험지를 마련했다.[43] 우선 다음에 나오는 그림과 같이 지표상의 물이 서로 섞이지 않게 경사지의 땅을 함석으로 나누었다. 경사지의 윗부분에 위치한 땅은 갈아엎고, 아랫부분에는 길이가 다른 잔디밭을 만들었다. 실험지에 비가 내리면 경사지 윗부분의 노출된 땅에서 발생하는 흙탕물이 잔디밭을 통해서 아래로 흐르게 된다. 흘러내린 지표 유출수는 구획의 맨 아랫부분에 함석으로 만든 도랑에 모여 수도관을 통해 흐르게 하고, 그 수도관 아랫부분에 유량계를 설치하여 지표 유출수의 양을 측정했다.

실험지를 마련한 다음 인공 강우 장치를 이용하여 한 시간 동안 비(강우량 50mm/hr)를 뿌리며 땅 위로 흐르는 빗물(지표 유출수)의 양을 자동 측정기로 측정했다. 흔히 경험하는 것처럼 비가 내리는 초기에는 땅 위로 물이 흐르지 않는다. 한동안 빗물이 땅속으로 스며들기 때문이다. 땅속으로 침투되는 물이 많으면 많을수록 땅 위로 흐르는 지표 유출수 발생 시기가 지연되고 양도 적어질 것은 당연하다.

비가 계속됨에 따라 땅 위로 흐르는 물의 양이 늘어나고 비가 그친 다음 더 이상 땅 위로 흐르는 물이 없을 때까지 시간에 따른 수량의 변화를 그린 그래프를 수문 곡선(hydrograph)이라 한다. 오른쪽 아래 수문 곡선 그림에서 보는 바와 같이 실험지에서 잔디밭이 길수록 지표 유출수가 발생하기까지 지연되는 시간도 길었다. 잔디밭에 축적된 유기물로 토양이 푸석푸석하게 되고, 뿌리가 뻗어 생긴 흙 안의 틈 사이로 더 많은 물이 스며들었기 때문이다. 이런 까닭에 유역에서 잘 형성된 숲의 면적이 넓으면 많은 물이 토양과 지하수로 스며들어 한꺼번에 하천으로 몰려드는 물의 양을 줄일 수 있기 때문에 홍수 피해가 줄어든다.[44] 그리고 비가 그친 다음 토양 속에 스며들었던 지하수가 조금씩 빠져나오기 때문에 강물은 마

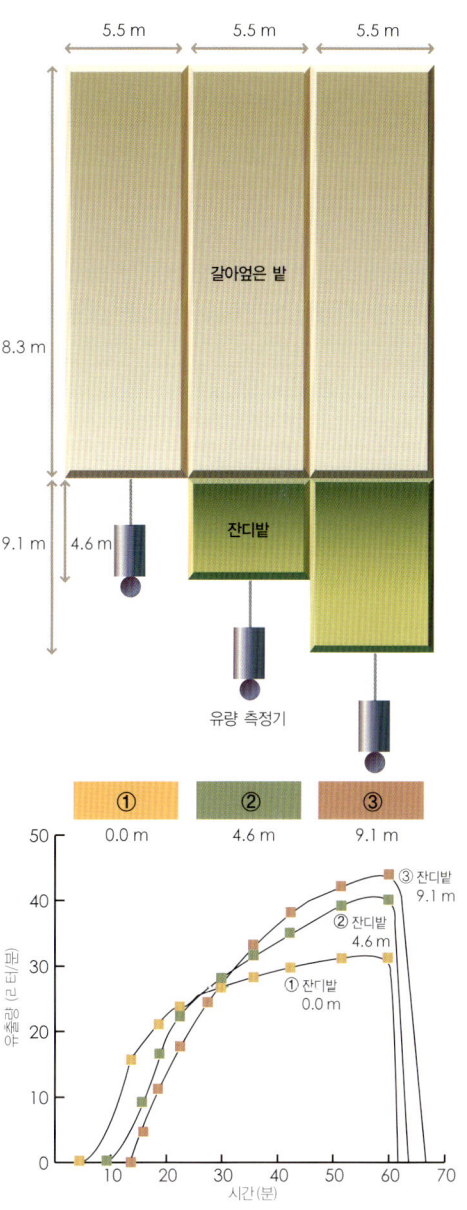

위. 식생 완충대의 물질 보유 능력을 연구하기 위한 실험지의 개념도.[5]
아래. 잔디밭이 있는 곳과 없는 곳의 수문 곡선 비교.[6]

표 5 한 시간 동안의 강우와 함께 실험지에서 유출된 부유 물질과 입자상 인산염, 용존 인산염의 양[7]

잔디밭 길이(m)	부유 물질(kg)	입자상 인산염(g)	용존 인산염(mg)
0.0	23.5	22.2	113.7
4.6	10.4	0.3	233.3
9.1	6.7	4.6	383.1

르지 않고 오랫동안 유지될 수 있다.

지표 유출수의 수질을 알아보기 위해 수도관 끝으로 흘러 나가는 물을 3분마다 채취했다. 부유 물질 농도와 부유 물질에 흡착된 형태의 인과 물아 녹아 있는 형태의 인 농도를 실험실에서 분석하여 한 시간 동안의 빗물에 의해서 밭으로부터 씻겨 간 물질의 양을 계산했다. 결과를 요약하면 표 5와 같다.

잔디밭의 길이가 4.6미터, 9.1미터로 늘어남에 따라 그곳을 통과한 물의 부유 물질과 입자상 인산염 농도는 낮아진다는 것을 알 수 있다. 흘러가는 지표 유출수로부터 많은 양의 부유 물질과 인산염이 잔디밭에 축적되었기 때문이다. 또한 유실되는 부유 물질에는 대략 0.1퍼센트(예를 들면 $\frac{22.2\text{g}}{23.5\text{kg}} \times 100$)의 인이 포함되어 있으며, 유실되는 인 중에서 용존 인산염이 차지하는 비율은 5~8퍼센트 정도 되었다.[48] 이 사실로부터 농경지에 뿌린 인산 비료 중에서 90퍼센트 이상이 토양 입자에 붙은 다음 침식될 때 손실된다는 사실을 짐작할 수 있다. 따라서 침식을 잘 방지해야 농토에 귀중한 인산 성분을 잘 보존할 수 있다.

특이한 것은 용존 인산염의 유실은 잔디밭이 길수록 증가한다는 사실이다. 특히 잔디밭을 흘러 나가는 지표 유출수의 용존 인산염 농도는 지표 유출수가 발생하는 초기에 높았다가 차츰 감소하고 나중엔 일정한 수준으로 유지되었다. 이런 결과를 종합해 보면 잔디밭에서 인산염의 포착은 대부분 입자 형태로 이루어진다는 것을 알 수 있다. 곧, 부유 물질과 부유 물질에 흡착되어 있는 인은 잔디밭에서 포착되고, 그 포착된 입자상 인의 적은 부분이 잔디밭에 의해서 쉽게 녹는 형태로 변해 있다가 지표 유출수 발생 초기에 씻겨 나가게 된 것이다. 이것은 잔디의 활동으로 생성된 유기물들이 토양에 흡착되어 있던 인 화합물을 물에 잘 녹게 하는 작용을 하기 때문이다.

물에 녹아 있는 형태의 인은 물로 들어가면 곧장 물에 사는 조류(algae)에 의해 이용될 수 있다. 이는 자칫하면 수자원의 부영양화를 촉진하게 된다. 그래서 내가 제안한 대처 방안은 식생 지대를 통과한 지표 유출수를 곧장 하천으로 흘러들게 하지 말고 웅덩이에 한동안 가두어 두는 방식을 병행하도록 하는 것이었다. 이미 미국 사람들은 농경지 사이에 유수지라는 것을 일부러 만들어서 그러한 기능을 하도록 하는 접근 방식을 실천하고 있다.

앞에서 언급한 바와 같이 천수답으로 농사를 짓던 시절 우리나라 논배미 곳곳에 지하수를 대기 위해 만들어 놓았던 덤붕이라는 웅덩이는 이러한 역할을 할 수 있었다. 그런데 우리는 거꾸로 큰 저수지를 만들면서 농업용수가 늘어남에 따라 대부분의 덤붕을 없애 버렸다.

전체적으로 하찮아 보이는 풀밭과 웅덩이를 잘 이용하면 부유 물질과 영양소를 포착하여 땅에 보존하는 현상을 증명할 수 있다. 이는 땅의 비옥도를 높일 뿐만 아니라 주변의 수계로 영양소가 흘러드는 양을 감소시키기 때문에 수자원의 부영양화를 줄일 수 있는 일이다. ●●●

강가에서 밀려난 지혜

땅에 있는 물질이 더 낮은 곳으로 떠밀려 가는 까닭은 중력 때문이다. 그리하여 물과 영양소는 낮은 곳으로 이른다. 보기에 따라 이것은 높은 곳에 위치한 땅이 낮은 곳에 베푸는 선물이다.

옛말에 "물이 너무 깨끗하면 물고기가 살지 않고, 사람이 너무 따지면 친구가 없다."고 했다. 물고기는 적당하게 깨끗하지 않은 물에 살 수 있다는 뜻이다. 땅이 물에게 주는 영양소가 전혀 없으면 물은 지나치게 깨끗하게 된다. 따라서 적당한 영양소가 물로 이동하는 것은 알맞은 땅의 선물이다. 반면에 강물과 호수의 부영양화 문제는 땅이 베푼 지나친 선물 공세에 물이 버거워 하는 모습이다. 누구나 지나친 하사금에는 부담감을 느낀다. 식생 완충대는 땅의 가장자리에 위치하여 지나친 땅의 선물을 조절해 주는 마지막 관문이다.

어느 날 내 관심사를 아는 학생이 영조 36년(서기 1760년)에 하천관리를 주 업무로 설치되었던 준천사의 절목(節目)에 포함된 내용을 넌지시 알려 왔다.[49] 절목은 한문으로 기록되어 있었다. 나는 남이 번역한 글과 한문을 비교하면 이해는 하는 수준이나, 혼자서는 제대로 독해하지 못한다. 그래서 이화여자대학교 중어중문학과 정재서 교수와 중국 유학생의 도움으로 그 뜻을 헤아렸다. 그 일부를 보니 "매년 봄가을과 우기에 백양나무와 버드나무 그리고 잘 자라는 잡목을 제방과 틈이 난 곳에 여러 그루 옮겨다 심어 오랫동안 자라게 하며 유지하는 곳으로 삼는다."라는 대목이 나온다. 식생 완충대의 기능을 어느 정도 알고 있었던 조상들의 선견지명을 엿보는 기분이다.

그리고 우연히 학생들의 발표에서 영조 때 그려진 그림을 보게 되었다. 하천 바닥을 긁어내는 준설 작업을 통해 물의 원활한 흐름을 유도하는 모습을 담은 그림이다. 그 그림에는 서울의 한복판을 흐르는 청계천 가에 버드나무 등을 심어 제방의 침식을 방지하고 식생 완충대의 여과 기능을 확보한 사실을 짐작할 수 있다.

▲「준천시사열무도」.[52] 청계천 바닥을 준설하는 모습을 보여 주는 그림인데 강가에 버드나무가 서 있다.

영조는 1759년(영조 35년) 청계천의 준설을 위해 송기교에서 5간 수문(五間水門, 興仁門 근처)까지 현지를 그리도록 했으며, 그 지도는 이듬해에 제작되었다.[50] 청계천 지도 작업과 함께 준천사의 주요 업무로서 실시된 준천 의식(濬川儀式)을 기념하여 그린 「준천시사열무도(濬川試射閱武圖)」(18세기 말, 서울대학교 규장각 소장)와 「어전준천제명첩(御前濬川題名帖)」(1760년, 부산광역시립박물관 소장)이 있다.[51] 두 그림은 크기만 다를 뿐 거의 경관과 사람 그리고 동물들의 상대적인 위치가 동일하게 그려져 있고 오물과 모래, 돌 등으로 수로가 막힌 청계천을 준설하여 악취를 막고 수해 방지를 위해 벌인 당시의 광경을 보여 준다. 그림의 윗부분에는 오간수문 부근 아치형의 다리 위에 영조 일행이 천막 아래서 개천 치는 일을 직접 보는 장면이 있고, 아랫부분에는 인부들이 청계천 안에서 소를 이용하여 준설하는 모습과 함께 하천 양쪽으로 버드나무가 줄지어 있다.

18세기 말 김홍도에 그려진 것으로 추정되는 「평안감사향연도(平安監司饗宴圖)」를 보면 그 당시의 대동강 주변 모습을 추측할 수 있다. 세 폭으로 된 이 그림은 모란봉 언덕까지 줄줄이 올라서서 감사의 잔치를 구경하는 촌부들의 생태와 함께 강 건너 병풍처럼 둘러서

있는 산수를 보여 준다.[53] 특히 「월야선유도(月夜船遊圖)」를 보면 강변을 따라 식생 완충대가 잘 유지되고 있었다는 사실을 짐작할 수 있다. 그림의 앞부분에는 대동강변을 따라 나무가 풍성하게 조성되어 있고, 오른쪽 하중도로 여겨지는 물가에는 버드나무들이 줄지어 서 있다.

   이보다 먼저 17세기 초에는 홍수에 대비하여 냇가에 인위적으로 식생 완충대를 조성한 기록이 있다. 인조 12년(1634)년 강원도 금화 금성(金城)의 남대천이 범람하여 인가가 떠내려가고 많은 사람이 죽는 수해가 있어, 그 이듬해 당시 현감이던 홍정(洪霆, 1581~1651)이 임기를 1년 연장해 가며 수천 장병을 동원하여 방죽을 쌓고 잡목을 심는 공사를 했다. 그렇게 하여 겸재 정선이 강가에 있던 피금정(披襟亭)을 「신묘년풍악도첩(辛卯年楓嶽圖帖)」에 그려 넣던 18세기 초(정확하게는 1711년)에는 남대천을 따라 5리 길이의 숲띠가 있었다.[54] 식물사회학을 전공하는 계명대학교 김종원 교수는 이 그림에서 금강송, 신갈나무 또는 졸참나무 혼생, 수양버들, 털야광나무류, 말채나무류 등을 확인할 수 있다고 한다. 이것은 겸재가 의도적으로 다른 수종을 그려 넣지 않았다면 그 당시 사람이 일부러 심었거나 자연적으로 복원된 하천변의 식물종을 가늠할 수 있는 근거가 된다.

우리나라 음악 장르의 소재로 사용된 나무 종류의 빈도를 조사한 결과 조선 영조 이후 시조, 1896년 이후 판소리, 그리고 1920년 이후 대중가요에서 버드나무가 단연 으뜸이었다.[55] 이는 아마도 버드나무가 그 무렵 경관에서 쉽게 마주칠 수 있는 인상적인 나무였기 때문일 것이다. 조사된 음악 장르들의 연도로 미루어 보아 이것은 준천사업무의 결과 또는 조선의 영조 시대에 이루어진 하천과 주변 관리 방안을 간접적으로 실증하는 자료이다.

박상진의 『궁궐의 우리나무』라는 책에서도 다음과 같은 자료를 찾을 수 있어 물가에 버드나무 심기는 그보다 훨씬 이전부터 장려된 것으로 짐작된다.[56]

1. 김홍도의 「월야선유도」.[57]
2. 겸재 정선의 피금정 그림.[58]

예로부터 버드나무는 우리 주변에 흔히 자라는 나무이면서 여러 가지로 유용하게 쓰인 대표적인 나무이다. …… 또한 버드나무 심기를 (국가적으로) 장려한 예도 있다. 세조 10년(1465) 의주를 지키는 일에 관하여 "지방관은 압록강의 동쪽 언덕에다가 긴 제방을 높이 쌓고 버드나무를 두루 심어야 한다."고 했고, …… 숙종 27년(1701)에도 "홍수 피해가 심한 함경도를 복구하는데 느릅나무와 버드나무를 꽂아서 울타리 같은 모양을 만들고 그 안쪽을 흙과 돌로 메운다면, 느릅나무와 버드나무가 뿌리를 내려 서로 연결되어 버틸 수 있을 것 같다."는 건의가 있었다.

삼국사기에는 "무왕 35년(634)에 궁의 남쪽에 못을 파고 20여 리나 되는 곳에서 물을 끌어들였으며, 못 주위에 버드나무를 심고 못 가운데 방장선산(方丈仙山)을 모방한 섬을 만들었다."라는 기록이 나온다.[59] 이 자료는 삼국 시대부터 이미 물가에 버드나무 심기를 하고 있었다는 증빙이 되며, 연못을 만들고 그 주변을 꾸미는 과정을 중국에서 배워 온 사실을 간접적으로 보여 주고 있다.

　　대밭이 물가의 식생 완충대로 조성된 모습도 보인다. 경남 산청에서 진주로 가는 3번 국도를 따라 흐르는 경호강 물가에서 대숲을 볼 수 있다. 그러나 한때 훌륭했을 식생 완충대 모습을 상상할 수 있을 뿐 지금은 쇠락해져 가는 듯하다. 울산 태화강 주변에도 대밭 식생 완충대가 있기는 하지만 이제는 콘크리트 제방이 물과 숲을 가로질러 제구실을 하지 못하게 되었다. ● ● ●

▼ 울산 태화강 주변의 대밭 식생 완충대.[60]

또 다른 식생 완충대

식생 완충대에 대한 경험 때문에 어느 날 무덤의 위치에 대해서도 생각해 보았다. 마침 우리 대학원 환경조경학과에서 때로 풍수의 긍정적인 의미를 찾는 작업에 관심을 가지고 있어서 자료를 쉽게 구할 수 있었다. 그렇게 하여 구한 그림을 보니 마을과 무덤의 위치 중간에는 숲이 있다. 어린 시절을 보낸 고향 마을에는 흔히 집 뒤에 대숲이 있었다. 옛사람의 지혜가 이미 식생 완충대의 효력에 이르러 있었음을 짐작할 수 있다.

우리의 경관에서 보통 묘지는 산의 경사가 급한 곳에서 완만한 곳

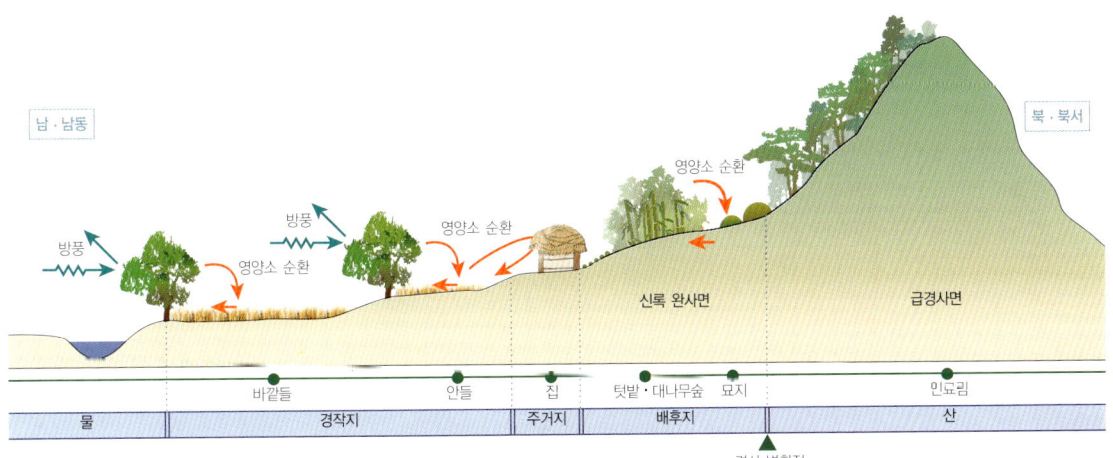

▼ 전통적인 식생 완충대.[6] 전통적인 우리 마을에서 무덤이 있는 뒷산과 마을 사이에는 흔히 수목대가 있다.

으로 전이되는 곳에 자리 잡는다. 그리고 묘지와 마을 사이의 식생대는 계속 유지되거나 새롭게 조성되었다. 이 경관 요소들의 배치를 통해 무덤의 시체, 산사면의 유기물, 토양으로부터 지표 유출수나 지하수에 씻겨 내려온 영양소가 소나무 숲이나 대숲으로 이루어졌던 식생대에 의해서 걸러지기 때문에 우물에 도달하는 양은 감소된다.

특히 대는 빨리 자라기 때문에 보통의 숲보다 몇 배나 빠른 속도로 이산화탄소를 흡수하여 고정한다고 한다.[62] 탄소 고정은 영양소를 기반으로 하기 때문에 영양소 흡수 속도 또한 매우 빠를 것으로 예상된다. 그러기에 지표 유출수나 지하수에 포함된 영양소를 여과하는 능력 또한 탁월할 것이라는 가설을 설정할 수 있다. 경관 안에서 대숲 완충대가 영양소를 여과할 수 있는 정도를 밝혀내는 연구는 주목받을 만한 충분한 가치가 있다.

시신에서 분비되는 영양소들은 지하수를 따라 아래로 흐른다. 무덤과 마을의 우물 사이에는 자연 식생 완충대가 있으니 영양소가 우물에 이르기 전에 숲의 식물과 미생물에 의해서 흡수된다. 결국 우물물은 식생 완충대에 의해서 영양소 오염이 방지되고 있는 곳에 위치하고 있다. 강가에 자리 잡은 어미의 무덤이 떠내려갈까봐 울었다는 청개구리의 불효는 또한 물을 더럽히는 행위로 비난을 받아야 한다.

이제 이 땅에서 무덤의 위치는 의미를 잃어 가고 있다. 좁은 땅에 난립하는 아파트촌을 닮아 산을 깎아 무덤 아파트를 조성하고 있다.

뿐만 아니라 대숲은 밤 동안 산마루로부터 기슭을 향해 부는 찬바람을 막아 주는 구실도 했을 것이다. 마을숲의 경우 계곡으로부터 불어오는 찬바람을 막기 위해 조성했다는 주민들의 말이 가끔 등장하고 있다.[63] 차가운 지역의 밤 동안에는 언덕이나 산마루로부터 방사에 의한 열이 손실되면서 찬 공기는 계곡으로 모이게 된다.[64] 따라서 특히 겨울 늦은 밤에 찬바람이 산 위에서 마을로 내려올 때 지붕보다 키가 높은 대숲은 찬 공기가 가옥에 직접 부딪치는 영향력을 흩트림으로써 따뜻한 기온을 유지하게 하는 효과를 가질 수 있다. 이러한 작용은 하루 주기로 일어나는 바람의 이동 방향을 고려하면 어느 정도 이해가 된다.

다음 쪽의 그림을 보면 해가 동산에 떠오른 다음, 시간이 조금 지나면 태양열은 공기 흐름을 상승시키기 시작한다(①). 그동안 산의 밤 공기는 여전히 계곡 바깥공기보다 차기 때문에 공기의 큰 흐름은 계곡 바닥을 따라 아래로 이동하는 반면 경사지 위의 얇은 층에서는 상승 기류가 생긴다. 하천을 따라 일어나는 공기 흐름의 일부는 계곡의 중앙부에 흡수된다. 얼마 지나지 않아 하강 기류는 사라지고, 계곡 부분은 빠르게 따뜻해진다. 이제 경사지 위로 부는 바람만 남게 된다.

정오 무렵이 되면 계곡 위로 상승하는 바람이 형성된다(②). 경사지를 따라 부는 바람과 이 상승 기류는 증발산에 의한 공기 중의 수

3

1. 마을 뒤편에 자리 잡고 있는 식생 완충대로서 대숲.[65]
2. 좁은 국토에 무덤이 늘어 아파트촌을 닮아 가는 공동묘지의 모습.[66]
3. 가옥을 보호할 수 있을 것으로 예상되는 대숲과 바람 길의 관계.

▼ 골바람과 마루바람.[9]

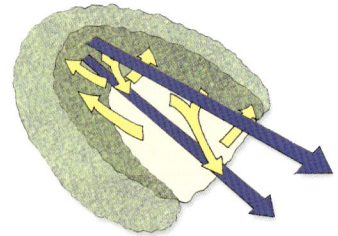
① 해뜬 후

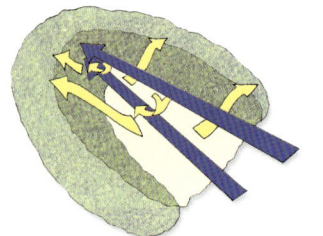
② 정오 무렵

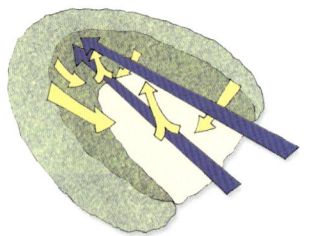
③ 이른 저녁

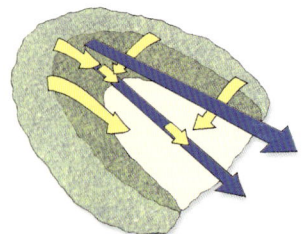
④ 늦은 저녁

분을 지니고 있어 때로 구름을 형성시키기도 한다. 늦은 오후가 되면 경사지 위로 부는 바람은 멈추고, 상승하는 계곡 바람만 남게 된다. 초저녁에는 찬 공기가 경사지를 따라 아래로 흘러내리기 시작한다(③). 밤이 늦어지면 계곡 아래로 부는 공기 흐름이 일어난다(④). 그렇기 때문에 낮에 난 산불은 위로 번져 가지만 밤에 난 산불은 산기슭을 타고 내린다. 공기 중에 포함된 먼지도 밤에는 계곡 아래로 축적된다. 이때 대숲은 그러한 찬 공기를 흩트리거나 키를 넘게 하여 가옥 주변을 따뜻한 기온으로 유지하고, 먼지가 포함된 나쁜 기운으로부터 보호하는 효과를 가질 수 있다.

촘촘하게 자라는 대숲은 경우에 따라서 몸집이 큰 산짐승이 집안으로 침입하는 것을 줄이고, 건조한 겨울과 초봄에 발생할 수 있는 산불의 피해도 완충해 주는 기능도 가졌을 것으로 추측된다.

1960년 이후 우리나라의 수질이 점점 악화되고 있는 주원인은 비점오염원의 방제에 대한 국가적 전략이 부족하기 때문이다. 새로운 전략에는 농경지와 공사장, 도시 지역의 토지 이용 조절을 통해서 영양소 유실과 토양 침식 감소 방안도 포함되어야 한다. 지표수와 지하수로 씻겨 가는 영양소나 토양 물질의 양은 과도한 시비를 억제하고, 식물이 왕성하게 비료 성분을 흡수하는 시기에 비료를 뿌리며, 윤작을 통한 자연적인 질소 고정을 통해서 질소 공급을 유도하고, 오염원과 수자원 사이에 위치하는 수변 생태계를 보강하며, 식생 완충대를 설치하는 등의 노력으로 감소시킬 수 있다.

토지 이용에 따른 하천의 물리적, 화학적 변화는 생물 양상도 크게 바꾸어 놓는다.[67] 그렇기 때문에 미국의 워싱턴 주에서는 농경지나 도시가 주로 차지하고 있는 하천보다 숲이 있는 유역의 하천에 1.5~3.5배 정도 많은 연어가 찾아온다.[68] ● ● ●

마을숲의 추억

 전형적인 농촌인 고향 마을의 주변을 그려 보면 대강 이렇다. 마을을 감싸고 있는 산기슭을 따라 마을 길이 나 있고, 그 길은 끝내 큰길로 이어진다. 어린 시절 나는 집을 나서 대충 3.5킬로미터가 조금 넘는 그 길을 걸어 6년 동안 초등학교를 다녔다. 등굣길은 중간 지점에 박석거리라는 뜻 모를 지명이 있고, 그곳에 놓여 있던 다리는 홍수가 날 때면 심심찮게 떠내려가곤 했다. 마을 저 앞을 흐르는 시내는 박석거리로 이어져 있다. 중학교 등굣길은 그보다 조금 짧아졌다. 너비 1킬로미터가 넘는 제법 너른 들판을 가로질러 내를 건너고 가을이면 고구마 밭이 양쪽에 있는 야트막한 고개를 넘어 공동묘지 사이로 다니는 길이었다. 그 공동묘지 얘기는 나중에 다시 할 기회가 있다.

 마을 앞 도랑 가에는 오래된 나무 몇 그루가 줄을 지어 서 있었다. 그중에는 희한하게 꼬부라진 소나무가 한 그루 있었다. 어린 나도 가끔씩 기어올라 앉아 보았을 정도로 독특하게 생겼는데 동네 사람들은 그 나무를 꾀꼬랑나무라고 불렀다. 그 나무는 줄기가 물웅덩이 위를 물과 평행한 방향으로 기어가다가 오른쪽으로 거의 90도로 꺾은 다음 1미터 넘게 자라고, 다시 180도를 꺾어 되돌아 50센티미터가량 오다가 위로 뻗었다. 여기까지는 아마도 옛 어른이 분재하듯이

1

키웠다가 옮겨 심은 것이 아닐까 하고 짐작된다. 그리고 1미터도 자라지 않은 채 옆으로 퍼져 많은 가지를 키웠다. 가지는 굵어 하나하나에 사람이 앉아 얘기를 할 수 있을 정도였다. 그 나무는 내가 타지를 떠돌아다니는 동안 애석하게도 사라졌다. 동네 사람들이 단장을 한답시고 나무 주변을 시멘트로 덮어 그렇게 되었다. 잘한다고 했는데 전혀 엉뚱한 결과가 빚어졌다. 그 꾀꼬랑나무 옆으로 도랑을 따라 서 있던 여남은 그루의 고목들도 하나씩 사라져 가고, 이제 남아 있는 한두 그루의 나무가 그 옛날의 추억을 대신하고 있다. 참 슬픈 일이다.

동네를 벗어나는 길은 마을을 받쳐 주는 뒷산이 끝나는 곳에서 시작되었다. 그곳에도 작은 마을이 이어져 있었는데 어른들은 '숲밖'이라고 불렀다. 뒷산이 받쳐 주는 지대를 지나 마을을 벗어나는 걸음을 '숲밖에 간다'고 했다. 어릴 때는 그 의미를 모르고 그냥 그렇게 사용했다. 아마도 숲밖에 있는 몇 채의 집들이 있는 곳과 큰 마을 사이에는 나도 규모를 알 수 없는 제법 큰 숲띠가 있었던 것이 아닌가 싶다.

숲밖 마을 끝을 조금 벗어나면 도랑을 따라 지금은 정확하게 기억할 수 없는 숫자의 나무들이 줄지어 서 있었다. 대략 60년대 중반까지 남아 있던 숲의 길이는 대략 200~300미터는 되지 않았을까? 어릴 때는 모든 것이 크게 보였으니 정확한 나무들의 크기도 알 수 없다. 한두 명의 어린애들이 팔로 감싸 안기에는 한참이나 컸던 것 같다.

그곳에는 이런저런 나무들이 서 있었는데 기억에 남는 것은 팽나무밖에 없다. 내가 여기서 팽나무라고 하는 것은 사실 우리 마을에서는 그저 폭구나무라고 불렀으니 폭나무인지도 모른다. 식물도감을 찾아보아도 두 나무를 쉽게 구분하기 어렵다. 그 팽나무는 내게 두 가지 추억을 남기고 있다.

시골집 뒤란의 대숲엔 그때나 지금이나 크기가 변하지 않는 커다란 팽나무가 버티고 있다. 그 땅은 할머니께서 재봉틀을 돌려 버신 돈으로 구입하셨지만 원래 주인은 그 나무만은 아까워 팔지 않으셨다고 했다. 그러나 우리들이 그 나무에 접근하는 데는 문제가 없었다.

여름철엔 그 나무에 팥알 크기의 파란 열매가 수없이 달리는데 장난감이 없던 시절엔 좋은 놀이감이 되었다. 열매가 겨우 들어갈 만한 대나무를 15센티미터 정도의 길이로 잘라 대롱을 만들고 거기에 열매를 밀어 넣었다. 그리고 다음 열매를 밀어 넣으면 두 열매 사이에 생기는 공간에 압력이 점점 커진다. 그리고 계속 밀어 넣으면 먼저 들어간 열매가 압력을 견디지 못하여 '폭' 하는 소리와 함께 멀리 날아갔다. 나는 그래서 폭구나무라고 하는 줄 알았다. 어른들은 위험하다고 나무랐지만 우리는 전쟁놀이의 총으로 그 기구를 사용했다. 이제 와서 생각해 보면 눈에 맞을 경우 실명할 수도 있는 위험한 놀이였지만 다행히 그런 불상사는 없었다. 다만 까까머리 친척 형의 머리를 맞혀 혼이 났던 기억은 있다.

가을에 팽나무 열매가 익으면 달짝지근한 맛이 났다. 아마도 이제는 타락한 내 혀를 만족시킬 만한 맛은 아니라고 생각되지만……[70] 그 열매를 따기 위해 우리는 숲 안과 숲 밖을 가르는 나무 아래 걸음을 멈추곤 했다. 멀리 떨어진 학교 때문에 숲 밖으로 나가야 했던 우리들은 그곳에 이르면 한시름 놓아도 좋은 길목으로 알았다. 그곳은 여름이면 그늘이 져 땡볕 길에 지친 여린 발걸음을 멈추게 했고, 가

1. 지금은 이 땅에서 영원히 사라진 꾀꼬랑나무의 옛 모습.[71] 누이가 시집가기 전에 찍은 사진으로 1970년대 말 나무 주변에 시멘트를 발라 이미 한창때의 기세가 확연하게 줄어든 모습이다. 사진에서 세 사람이 서 있는 곳은 나무줄기가 땅에서 뻗어 나와 가로 누워 있는 부분이다. 1979년 2월 이전에 찍은 사진으로 그때까지 주변에는 몇 그루의 큰 나무들이 있었다.

2. 고향집 뒤란의 대밭과 팽나무.[72]

을이면 노란 팽나무 열매로 어린 마음을 유혹했다. 또한 그곳은 빨리 가 봤자 하기 싫은 일이 기다리는 집을 피하며 마음을 달랠 시간을 보낼 수 있는 하나의 장소였다. 지금은 저세상으로 간 친구가 그 팽나무에 올라 열매를 따다가 무게를 이기지 못한 나뭇가지가 부러지면서 떨어진 적도 있다. 다행히 그는 내 어깨 위에 머리를 부딪치면서 발이 먼저 땅으로 떨어져 별 탈이 없었다.

계명대학교 김종원 교수의 말대로 평지의 팽나무는 자연림의 흔적이라기보다 심었을 가능성이 크다면, 언제 우리 조상들이 도랑 가에 이 나무를 심었을까? 어쩌면 이 나무들이 영조 때 준천사에서 강가에 나무 심기를 장려하던 정책과 관련이 있을지도 모르겠다는 생각을 해 본다.

그 숲은 이제 고향 경관에서 사라졌다. 논둑이 반듯하게 다듬어지기 전에 그 나무들은 어느 날 문득 베어졌다. 내 뼈가 충분히 굵어지기 전인 1960년대 말이나 1970년대 초쯤 자취를 감춘 것으로 기억된다. 아마도 그 나무들은 농사지을 땅을 한 뼘이라도 더 넓혀야 하는 식량 증산 정책이 한창이던 시절 벼논에 그늘을 만든다는 죄목으로 그렇게 베어졌을 것이다. 나는 할머니께서 "넘의(남의) 그늘에서는 농사가 안 되는 법이야."라고 가끔씩 하셨던 말씀을 기억하고 있다.

그 희한하게 꼬부라졌던 소나무와 숲밖으로 나가는 마을숲이 사라진 일은 내가 특별히 새마을 운동의 후유증으로 애석해하는 일이다. 잘살아 보자며 좋은 일을 한다고 했으나 그르친 일인 듯하다.

이런 추억 때문에 요즈음은 마을숲의 의미를 다시 생각해 본다. 일본에서는 사토야마[里山]라는 곳을 조사한 뒤로 그 지명을 마을숲의 고유 명사인 듯 그대로 부르고 있다. 이 단어는 1759년에 사용된 기록이 있으나 거의 사장되어 가는 듯싶더니 1960년 초반에 와서 숲 생태학자가 되살렸다. '마을에 가까운 산' 정도의 뜻으로 우리말의 동산 정도에 해당한다. 임학 분야에서 '농용림(農用林)'이라 사용하던 말을 그렇게 부르기로 제안했던 것이다.[73] 이제 그들은 영어로도 논문을 제법 발표하여 서구의 이목을 끌고 있다. 그런데 그보다 훨씬 큰 문화적 의미를 담고 있는 우리의 마을숲은 그것을 키운 선조들의 지혜가 잊혀진 채 사라져 가고 있다.

　이런 사정은 내 가슴앓이의 한 까닭이기도 하다.

　아무튼 이런 과정에서 찾아낸 몇 개의 우리 마을숲을 다음에 소개해 놓았다. 이것들은 앞에서 언급한 식생 완충대와 섞여 있어 구분하기 어려운 경우가 많다. 왜냐하면 우리의 마을숲은 위치에 따라 그 기능이 다르게 나타나기 때문이다. ●●●

따로 보기 8
반가워라, 옛 지도 속의 마을숲

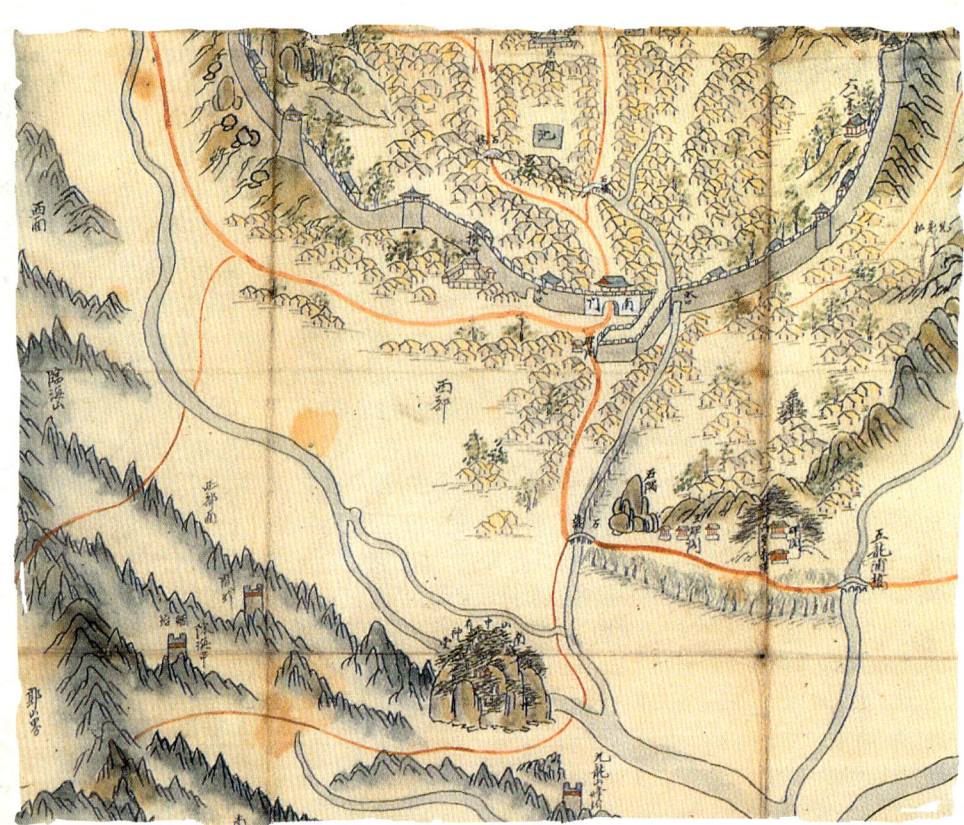

▲ 18세기 말에 그려진 평안북도 정주(定州) 지도의 일부.[74]

어느 날 유역 안에서 마을숲이 자리 잡는 일반적인 위치가 궁금했다. 자료 몇 개를 모아 미술대학 디자인학부 학생들에게 그림을 부탁하게 되었다. 참고하여 그릴 수 있도록, 운영하고 있는 홈페이지에 18세기 말에 그려진 평안북도 정주 지도를 올려놓았다.

나중에 다시 이 지도의 전체 모습을 보여 주겠지만, 여기서는 산 능선을 이어 그려 분수령이 분명하게 나타난다. 그 시대에 분수령을 그리던 조상들의 혜안에 마음을 뺏겨 나는 오랫동안 지도의 구석구석을 살펴볼 여유가 없었다. 그런데 파일이 홈페이지에 제대로 첨부되었는지 확인하는 순간 그림이 확대되는 것이 아닌가! 그리하여 정주 성밖 마을 입구를 따라 버젓이 자리 잡은 마을숲이 내게로 다가왔다. 처음부터 국립중앙도서관에 보관되어 있다는 원본 지도를 보았다면 사정이 달라졌을지도 모른다. 그러나 나는 아직 그럴 기회를 갖지 못했다.

그리하여 나는 지도 속에서 마을숲을 보았다. 늘어서 있는 나무들의 모습이 버드나무처럼 보인다. 좀 이상한 것은 산 능선의 끝을 잇는 수구막이 방식으로 나열되어 있지 않다. 마을에서 물길을 따라 오다가 갑자기 사람의 길을 따라 방향을 틀어 물길을 벗어나 있다. 집들을 초가로 그리지 않은 것도 내게는 좀 이상하다. 정주가 실제로 그런 도시였는지?

덕분에 우리의 옛 지도를 좀 더 찬찬히 살펴볼 필요가 있다는 교훈을 얻었다. 정주성 안의 높은 곳에는 소나무 숲이 보인다. 그 또한 우리의 전통 경관에서 마을숲의 한 자락으로 대접을 받아야 할 곳이다. 남부 지방에서는 그 위치에 대숲이 자리하는 것이 보통이다. 生

마을숲을 찾아서

경북 안동 하회마을의 자락에는 물가를 따라 소나무 숲띠가 있다. 강 건너에는 부용대라는 커다란 낭떠러지가 마주하고 있는데 마을과 거리에 비해 그 크기가 압도적이라 마을 주민들이 숲을 만들고 원지정사의 누각을 세웠다고 한다. 그 숲은 부용대가 주는 시각적 부담을 여과시키는 동시에 좌우의 지역 크기를 나누는 역할을 하고, 원지정사는 시각자의 관점을 높임으로써 부용대 높이의 위압감을 줄이려는 의도에서 세웠다고 해석한다.[75]

하회마을의 소나무 숲은 마을을 하천 침식으로부터 보호하고 물질을 여과하는 기능도 가졌을 것으로 짐작된다. 여느 식생 완충대와 같이 물의 속도를 완충하는 기능이 있어 하천의 물이 감돌아 가는 동안 땅을 보호하는 기능도 가질 수 있다. 임업연구원 신준환 박사는 그 숲띠가 아마도 물길이 돌아 마을 땅을 휘돌 때 물 기운을 줄이는 위치에 자리를 잡았는지도 모른다는 추측을 했다. 마을을 휘두르고 있는 물길의 속도와 방향을 계량적으로 분석해 보면 그러한 식생대의 기능을 어느 정도 확인할 수 있을 것이다.

▲ 전북 진안에 남아 있는 마을숲.[77]
◀ 부용대에서 바라본 하회마을 자락의 소나무 숲띠.[76]

마을은 물가의 평탄한 위치에 자리 잡고 있다. 이런 지형에서는 지하수위가 경사지에 비해 상대적으로 높고 배수가 원활하지 않을 것으로 추측된다. 따라서 그 공간에 사람이 살아가면서 만드는 물질은 경사지의 마을에 비해서 쉽게 빠져나가지 못하며, 그 결과 지하수는 오염되기 쉽다. 이 물질들은 소나무 숲을 거쳐 가는 동안 어느 정도 여과될 수 있다. 하회마을을 행주형(行舟形)으로 보고 우물을 파지 못하게 한 것도 그런 관점에서 검토해 볼 수 있다. 이 가설 또한 하천에 의해 에워싸인 마을과 농경지를 하나의 계로 보고 그 안에서 발생하는 질소와 인 등의 흐름 경로와 변환 과정, 그리고 소나무 숲을 통과하는 과정에 제거되는 양을 계산해 보면 검정될 수 있다.

지난봄에는 학생들과 함께 우석대학교 박재철 교수의 안내로 전북 진안에 남아 있는 마을숲을 둘러보았다. 그곳의 마을숲은 느티나무와 개서어나무, 상수리나무, 소나무, 밤나무 등이 우점종을 이루고 있다.[76] 마을 뒤에 산이 있고 앞에는 물이 있어야 좋다는 전통 입지관에 바탕을 둔 배치에서 흔히 마을숲은 시야가 트인 앞쪽을 막기

위해 띠 모양으로 마을 앞을 가로지르고 있다.

동네로 들어가는 입구에 자리 잡은 이러한 마을숲은 환경심리학에서 말하는 완충 공간의 구실을 한다. 상대적으로 익숙한 마을 공간에서 덜 익숙한 외부 사회로 나갈 때 개인이 받는 심리적 불안감과 충격을 구불구불한 동구의 숲길에서 흡수함으로써 완충시킨다. 서양의 식생 완충대가 강조한 물질적인 완충 기능뿐만 아니라 정신적이고 심미적인 측면을 고려했던 선조들의 지혜 덕분이다.

마을숲의 일부가 지금 버섯 재배장으로 이용되는 모습을 볼 수 있다. 이는 수평적으로뿐만 아니라 수직적으로 땅과 공기 사이의 에너지 흐름을 완충하는 숲의 기능을 간접적으로 시사한다. 즉, 햇빛을 광합성 산물로 전환하고, 또 비열이 높은 수분을 함유하는 특성 때문에 태양열에 예민하게 반응하는 공기와 땅 사이에 위치하여 수직적 완충 효과를 가진다. 결과적으로 숲 안은 비교적 변화가 적은 온도와 수분을 유지하여 버섯 재배가 수월하다.

그러나 진안의 마을숲도 바람직하지 않은 방향으로 가는 모습이 완연하여 박재철 교수의 마음을 안타깝게 한다. 마을숲은 대부분 물가를 따라 이루어져 있는데 둑의 침식을 막는답시고 축대를 쌓고 시멘트를 발라 놓았다. 물에서 애벌레 시절을 보낸 물벌레가 곤충으로 날개돋이를 하기 전에 여린 피부를 말려야 하는데 그런 구조물에서는 어림없는 짓이다. 물론 물가의 작은 풀들이 물을 정화하는 기능도 사라져 버렸다. 원래 마을 앞부분을 가리던 기능은 저버린 채 숲 앞의 농토로 집들이 들어서고, 마을숲 자체를 개인 정원으로 만들어 버린 경우도 있다.[79]

1. 마을숲의 의미가 잊혀진 모습.[82]
2. 어부림.[83]

　해안가에는 파도와 바람을 막고 때로 물고기가 모이게 할 목적으로 숲띠를 일부러 만들기도 했다. 전북의 농어촌 지역을 대상으로 이루어진 연구에 의하면 마을숲은 마을 가까이 위치하여 마을을 보호하는 반면에, 해안숲은 마을에 떨어져 있어 해풍으로부터 작물을 보호하는 것이 주요 목적이라고 한다.[80] 또한 마을숲이 풍수와 마을 토착 신앙 등과 관련된 역사와 문화, 사상적인 측면과 관련이 있는 반면에, 해안숲은 방풍과, 바다로부터 바람에 날려 오는 모래를 막는 실용적인 목적과 관련이 있는 점에서 차별성을 보인다.

　같은 연구에서 마을숲은 도로나 개천을 따라 소나무와 개서어나무, 느티나무로 이루어졌고 평균 수고 21.9미터였으며, 해안숲은 대부분 해안선을 따라 평균 수고 12.4미터의 곰솔로 이루어져 있었다. 나무 높이는 방풍림을 지난 바람이 지면에 미치는 거리뿐만 아니라 경작지에 미치는 그늘의 범위를 결정하여 생산량과도 관계가 있기 때문에 필시 고려된 사항일 것이다.[81] 나아가 마을숲과 해안숲이 가지는 평면적인 측면뿐만 아니라 수직적인 특성을 고려하여 바람이 작물에 미치는 영향, 그리고 마을에서 일어나는 삶과 이루는 물질적, 정서적 관계를 연구해 볼 필요가 있다.

경남 남해군 삼동면 물건리에는 어부림이라 불리는 오래된 숲이 있다는데 아직 가 보지는 못했다. 어부림은 약 300년 전에 바닷가를 따라 길이 1.5킬로미터, 너비 30미터로 조성된 숲이다. 주로 큰 나무 2,000그루와 작은 나무 8만 그루의 잎떨어지는 넓은잎나무로 이루어져 있고, 높이는 대체로 10~15미터이다. 큰키나무의 잎으로 이루어진 수관(樹冠)은 팽나무와 푸조나무, 상수리나무, 참느릅나무 등이 차지하고, 숲 바닥을 덮는 하층에는 보리수나무와 동백나무, 광대싸리, 윤노리나무들이 보인다.[84] 이 숲은 1959년 12월에 천연기념물 제150호로 지정되어 보호를 받고 있다.

진안을 둘러보고 우리는 남원에서 하룻밤을 묵은 다음 전남의 담양과 보길도까지 가 보았다.

전남 담양읍을 가로지르는 담양천을 따라 대략 2킬로미터 정도의 둑길에는 느티나무와 팽나무, 푸조나무, 음나무, 개서어나무, 곰의말채나무, 벚나무, 갈참나무 등 숲띠가 우거져 있다. 그 숲을 관방제림(官防堤林)이라고 부르는데 관비를 들여 둑을 축제하여 그 이름이 유래되었다고 한다.

인조 26년(1638) 담양 부사이던 성이성(成以性)[85]이 수해 방지를 목적으로 둑을 쌓고 나무를 심기 시작했고, 그 후 해마다 장마철이 시작되기 전에 둑을 다시 보수했다. 철종 5년(1854)에서 당시 부사 황종림(黃鍾林)이 관비로 연인원 3만 명을 동원하여 담양읍 남산리 동정마을에서 수북면 황금리를 지나 대전면 강의리에 이르는 지금의 둑을 완성하고 숲을 조성했다. 지금은 천연기념물 제366호로 지정되어 보호받고 있다.

1. 전남 담양의 관방제림.[86]
2. 전남 보길도의 예송리 고개에서 본 해안 숲.[87]

이 담양의 관방제림도 변화를 겪은 흔적이 역력하다. 제방 안쪽에 공설 운동장을 만들고 길을 잘 닦은 일이 과연 잘한 짓인지는 한 번 정도 따져 봐야 한다. 놀고 있는 땅을 쓸모 있게 만든 부분은 칭찬할 일이나 본래의 좋은 기능 중 일부를 약화시킨 것도 엄연한 사실이다.

전남 완도군 보길도의 부용동에서도 마을숲이 남아 있는 흔적을 볼 수 있었다. 예송리 해수욕장에는 남해의 어부림과 흡사한 긴 숲띠가 남아 있어 마을과 해수욕장 사이를 가로지르고 있다. ●●●

마을숲이 주는 혜택

 마을숲이 주민들의 삶에 기여했던 기능에 대한 해석은 대체로 단편적이거나, 실증적인 뒷받침이 없는 경우가 많다. 이하는 생태학자로서 추정해 볼 수 있는 몇 가지 가설이다. 일부 내용은 이미 많은 사람들이 언급한 것에 필자의 생각을 보탠 정도이다.
 『마을숲』이라는 책을 통해서 고향 가까운 곳에도 여전히 훌륭한 마을숲이 아직 남아 있다는 사실을 확인하고 반가웠다.[88] 그곳은 장산이라 불리는 마을이다. 마을에서 앞쪽으로 바라보면 바다가 보인다. 햇빛이 반사되어 마을로 들어오면 좋지 않다고 보아 이전에는 1킬로미터에 달하는 마을숲이 있었단다. 마을 바깥에서 들어오는 나쁜 기운을 막겠다는 의지의 표현으로 봐도 좋다. 반사되어 온 빛이 주민들에게 심리적으로 결코 좋은 효과를 줄 것 같지는 않다. 특히 임산부나 새끼를 밴 가축들에게 어떤 좋지 않은 영향을 줄지도 모른다. 장산숲이 조성되는 데는 그러한 배려가 포함되어 있었다는 뜻이다. 숲띠가 가진 여과 효과를 노렸다고 할까. 더구나 장산숲과 같이 왜구가 출몰하던 바닷가에서는 멀리 떠 있던 배로부터 마을을 은폐시키는 기능도 필요했을 것이며, 지형적으로 그런 조건을 갖추지 못한 곳에서는 숲을 이용하는 것이 비교적 손쉬운 방법이었다.
 이처럼 많은 마을숲은 보통 앞이 툭 터진 것을 막는 역할을 했

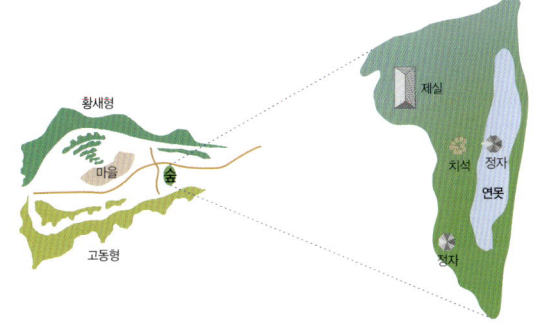

다.⁹⁰⁾ 이러한 생각은 수구가 막혀 있어야 좋은 땅의 조건이 된다는 이중환의 『택리지』가 나온 18세기 중엽에도 이미 있었을 것이다.⁹¹⁾ 숲을 이용한 수구막이는 또한 유역으로부터 물이 빠르게 빠져나가는 힘을 위축시켰을 가능성이 있다. 뿐만 아니라 숲은 증산 작용으로 공기 중의 수분의 양을 늘리고, 광합성으로 신선한 공기를 제공한다. 유역에서 수구는 좁고 그곳을 통해 불어 들어오는 바람은 벤투리 효과에 의해서 속도가 빨라진다.⁹²⁾ 그 바람에 습기와 산소가 실려 마을로 불어 들어온다면 신선한 기운을 공급할 수 있게 된다.

우리의 마을숲에는 혼농림의 개념이 포함되어 있다. 혼농림은 통합적이고, 다양하며, 생산적이고, 이익을 창출하며, 생태적으로 건강하고, 지속 가능한 토지 이용 체계를 이루기 위한 농업과 임업 기술을 조합한 체계로 정의된다. 이는 농작물과 나무의 교차 배열을 통한 농경, 수변 숲 완충대, 임업과 목축업 병행, 방풍림 등의 구체적인 실행 방법을 고려하고 있다.⁹³⁾ 마을숲은 농경지 가까이 그늘을 만들고, 새들이 숨을 수 있는 공간을 만들어 농작물에 피해를 줄 수도 있다. 그러나 마을숲에서 생산된 낙엽이 어디로 가서 무엇을 할지 한번 생각해 보자.

▲ 경남 고성군 마암면 장산리에 남아 있는 마을숲과 주변의 지리.⁸⁹⁾

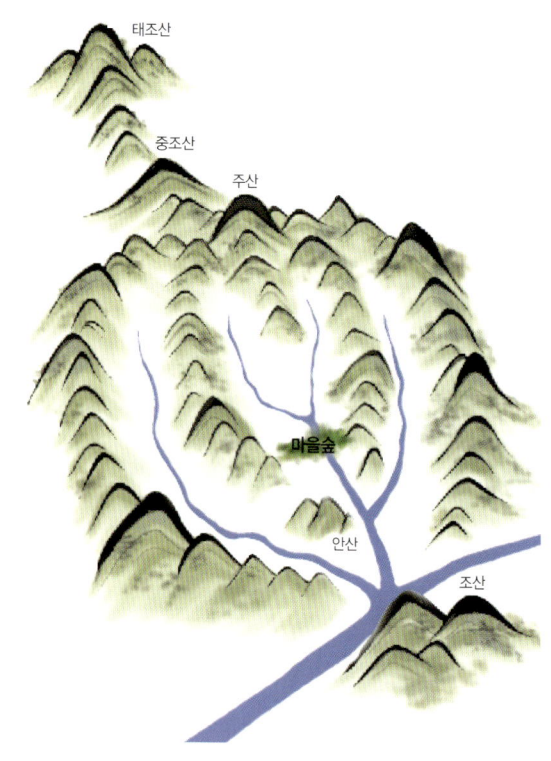

▲ 유역 안에 나타나는 전형적인 마을숲의 자리.[96]

화학 비료가 없던 옛날에는 농토의 비옥도가 주로 퇴비 공급에 의해서 유지되었다. 산야에서 베어 온 풀과 떨기나무는 농경지에 녹비로 첨가되었다. 이와 함께 경작지 가까운 곳에 위치한 마을숲은 자연스럽게 낙엽을 농토에 첨가하는 기능을 가지고 있었다. 마을숲에서 어느 정도의 낙엽이 논이나 밭으로 날려 떨어지고, 그 속에는 유기물과 질소, 그리고 인을 포함하는 영양소들이 얼마나 많이 포함되어 있었을까? 나무숲에서 고정된 질소는 어느 정도가 논으로 흘러들 수 있었을까? 나무뿌리에서 흘러나온 녹아 있는 형태의 유기물들이 가까운 농경지로 스며들었을까? 근래의 생태학은 뿌리를 통해서 토양에 공급되는 유기물이 결코 지상부가 하는 정도에 뒤지지 않는 것으로 밝히고 있다.[95]

마을숲은 당연히 지역의 생물 다양성을 높이는 경관 요소이다. 그곳은 가지가지 생물들이 깃들 수 있는 여건을 갖추었다. 농부들에게는 성가신 존재이나 벼 이삭을 노리는 새들이 앉아서 은신할 수 있는 곳이다. 곤충들은 물에서 애벌레 시절을 보내고 땡볕으로 나가기 전에 연약한 피부를 그늘에서 단련시켜야 하는데, 그때 물가의 마을숲은 안성맞춤의 공간이다. 또 이러한 곤충을 먹이로 하는 양서류, 이들을 먹고 사는 파충류와 새가 먹이를 얻을 수 있는 곳이기도 하다.

앞에서 소개한 경남 고성의 장산숲 안에는 제법 큰 연못이 있다. 대략 60년 전에 후손들이 논을 사들여 만들었고 일제 때는 양어장으로도 이용되었다고 한다. 연못과 마을숲에 어떤 생물들이 사는지 조사된 자료는 없다. 적어도 앞서 언급된 박완서 씨 고향 마을의 군우물에서 볼 수 있었던 생물들과 비슷한 모습들이 나타나지 않았을까? 이 연못은 또한 천수답 논배미에 있던 덤붕과 생물 교류를 통해서 상호 관계를 가졌을 것이다. 나는 어릴 때 몸을 말린 게아재비가 덤붕으로 날아드는 것을 보았다.

이런 경관에서는 필시 마을과 뒷산, 마을숲, 주변의 논 그리고 연못을 옮겨 가며 생활사를 완성하는 생물들이 세대를 이을 수 있었을 것이다. 그러한 경관 요소의 배치로 복잡한 생활사를 완성할 수 있도록 보완하는 특성을 경관 보완이라고 한다.[96] 마을숲과 다른 경관 요소를 오가는 생물들의 생태를 이해해야 그러한 요소들의 보완적인 관계에 기대어 사는 생물들이 이 땅에서 사라지는 것을 막을 수 있다.

마을숲의 연못은 앞서 소개한 유수지 역할을 할 수 있다. 나아가 마을숲은 여름철 바람에 의한 미기후를 조절하여 시원함을 더하고, 마을과 농경지로부터 모인 물에 포함되어 있던 영양소를 제거하는 기능을 했을 것으로 추측된다. 주변의 숲에서 유기물이 공급되어 연못에서 미생물에 의한 영양소 흡수와 탈질 작용으로 질산염이 기체 상태로 바뀔 수 있는 조건을 갖추었다.

우리의 마을숲은 일본의 사토야마보다 더 주민들의 삶과 밀접한 관계를 가지고 있는 듯하다. 전통적으로 마을숲은 당산숲으로 인정되는 경우가 많았고 동제를 통하여 지역 주민들의 화합을 도모하는 장소이었다. 또한 한여름에 그늘에서 농주를 마시거나 참(站, 농부들이 들일을 하다가 일손을 잠깐 쉬며 먹는 간식)을 드는 장소 등 농부들의 휴식 공간으로 사용되고, 해안에 자리 잡은 해안숲의 경우엔 어민들이 어망을 수리하는 장소로 활용되며, 최근에는 피서객을 불러들여 휴식 공간으로서 마을의 소득 증대에 기여를 하기도 한다.[97]

우리의 마을숲은 전통적인 생태 지식의 소산물로 이해된다. 전통적인 생태 지식이란 살아 있는 것들이 가지는 서로의 관계와, 그들이 물리적 환경과 이루는 관계에 대한 지식과 실행 결과, 신념을 말한다.[98] 이러한 지식은 지역이 보유하고 있는 자원에 직접적으로 의존하며 비교적 발전된 기술이 부족한 사람들에 의해서 갖추어지던 것이 일반적이다. 또한 이러한 지식은 그들이 땅에서 긴밀한 접촉을 유지하며 세대와 세대를 통해서 발달시켜 왔다는 점에서 합리적이고 신뢰성을 가지고 있다. 최근에 이러한 전통적인 지식은 현대 과학 지식과 동등한 지위를 가지는 것으로 인식되고 있다.[99] 우리의 마을숲도 전통적인 생태 지식에 기반을 둔 경관 요소의 한 가지 형태라 생각된다.

앞에서 살펴본 내용들을 고려하여 경관 안에서 마을숲이 가지는 의미를 이해하기 위해서는 다음과 같은 주제를 포함하는 연구들이 필요하다. ● ● ●

1. 유역 안에서 다른 경관 요소들과 마을숲의 상대적인 위치 관계.
2. 마을숲이 유역의 수분과 산소 그리고 온도 분포에 미치는 영향.
3. 마을숲의 생산성과 탄소 저장 능력.
4. 마을숲으로부터 낙엽과 뿌리 분비물이 농경지에 첨가되는 양.
5. 마을숲에서 발견되는 식물과 동물, 즉 생물 다양성.
6. 마을숲과 농경지, 시내와 연못, 뒷산을 오고 가는 생물들의 경관 보완 관계.

7. 마을숲과 주변 경관 요소 사이에서 일어나는 먹이사슬의 특성.

8. 마을숲과 사람들의 삶 및 지방 문화의 관계.

9. 마을숲이 남아 있는 곳과 사라진 곳의 위치를 표시하는 지도 제작.

따로 보기 9
흐름과 순환

생태학에서 흔히 에너지는 흐르고 물질은 순환하는 것으로 받아들여지고 있다. 이러한 개념의 의미 또는 배경을 물레방아에 의해서 물의 위치 에너지가 기계 에너지로 변환되는 과정과 비교하여 살펴보자.

물레방아를 돌리기 위해서 물은 위에서부터 흘러와서 아래로 흘러간다. 이러한 물의 흐름에 수반되어 있는 중요한 물리적인 과정은 물 분자들이 가진 위치 에너지의 변화다. 높은 곳에서 낮은 곳으로 물 분자들이 자리를 바꿈으로써 그들이 가지고 있던 위치 에너지는 손실된다. 그 손실된 에너지는 어디로 갈까? 그 중 일부는 물레방아와 연결되어 있는 기구로 전달되고 나머지 부분은 엔트로피로 흩어진다. 이때 물레방아에는 물이 가지고 있던 에너지를 전달받기 위해서 물받이라는 장치가 있다는 것을 주목하자. 이 물받이들은 물레방아가 돌아가면서 끊임없이 다시 이용된다.

이와 같이 물레방아의 물받이가 끊임없이 다시 사용되면서 하는 일이란 물의 위치 에너지를 기계 에너지로 바꾸는 것이다. 이때 물은 흐르고 물레방아는 돈다. 또는 물레방아의 물받이는 순환한다고 말할 수 있다.

이 과정이 일차 생산자라고 불리는 생물들에 의해서 태양 에너지가 광합성되는 것에 비유될 수 있다. 마치 물레방아 위로 흘러가고 있는 물처럼 태양 에너지는 생물권으로 끊임없이 흘러 들어오고 있다. 돌고 도는 물레방아처럼 광합성 기관은 계속하여 다시 사용되고 있다. 물론 광합성을 이루는 기관은 물질로 이루어져 있기 때문에 이때 물질이 다시 사용된다고 해도 틀리지 않는다.

이들 과정에서 물질은 에너지를 잠정적으로 담을 수 있는 용기가 된다. 이제 물레방아의 작용과 일차 생산자들의 광합성 작용이 가지고 있는 유사성으로 에너지의 흐름과 물질의 재사용 또는 순환이라는 개념이 사용될 수 있다.

그러면 일단 물레방아에 의해 전환된 기계 에너지는 어디로 갈까? 또 광합성에 의해 합성된 화학적 에너지는 어디로 갈까? 물레방아에 의해서 전환된 에너지는 물리적인 기계들을 거쳐서 옮겨 간다. 광합성으로 축적된 유기물 에너지는 생물체의 기관들을, 그리고 더 나아가 먹고 먹히는 관계를 거쳐 다른 생물 종들로 흘러간다. 그런 점에서 이들은 서로 비슷하다. 동시에 그런 에너지 흐름의 매체로서 물질들이 끊임없이 다시 사용된다는 점에서 또한 닮았다.

그러나 실제로 물질 순환이라는 말은 에너지가

▲ 물레방아가 있는 풍경.[100] 물은 흐르고 물레방아는 돈다. 에너지는 흐르고 물질은 순환한다.

흘러가는 행로에서 물질이 다시 사용되는 데서 나온 말은 아니다. 어떤 원소들이 그것의 위치를 생태계의 생물적, 무생물적 구성 요소로 옮겨 다니면서 다시 사용된다는 데서 나온 개념이다.

사실 광합성으로부터 시작하여 먹고 먹히는 관계로 수행되는 에너지 흐름의 경로에서 물질로 이루어진 기관들이 재사용되고 이 기관들의 생성 소멸 과정을 통하여 구성 원소들이 끊임없이 다시 사용된다는 점에서 물질은 순환한다고 본다. 물질이 한 위치를 고수하고 끊임없이 에너지를 변환시키는 하나의 기계로서 다시 사용되는 것은 에너지 흐름에 대한 상대적인 의미로서 순환이 된다.

이것은 영양 원소가 생태계 구성 요소를 옮겨 다니긴 하지만 결국 그 범위 안에서 쳇바퀴 돌 듯 돌아다닌다는 점에서 순환한다고 하는 경우와 구별된다. 하지만 이들 순환이 모두 물질이나 영양 원소가 다시 사용된다는 점에서 공통성을 가지고 있기 때문에 흐름에 대한 상대적인 용어로 쓰이는 것이다. 主

땅에서 바라보고 3

갑자기 왜 낙엽 타령일까? 낙엽은 나무의 삶과 죽음을 연결하는 하나의 매듭이다. 그 매듭은 보다 큰 삶의 흐름을 이어주는 하나의 고리이다. 이 고리의 제자리는 어디일까? 인간의 생명이 이 땅에 나타날 때까지 묵묵히 준비해 온 낙엽의 자리를 찾아보는 일은 쉬운 일이 아니다. 허나 국화꽃 한 송이를 피우기 위해 봄부터 소쩍새가 그렇게 울었듯이 낙엽 한 떨기의 의미 또한 결코 덜하지 않다. 한여름 뙤약볕에서 할 일을 마치고 흙으로 돌아가는 낙엽 본연의 모습은 고귀하다 못해 나를 숙연하게 한다.

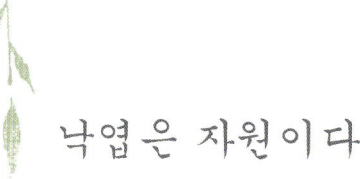

낙엽은 자원이다

너무 오래 살아 마침내
산 채로 죽어가기 시작한다
눈빛이 사그라들고
코가 뭉드러지고
귀에서 고름이 흘러나오고
입가에 구더기가 생기고
내장은 모두 썩어버렸다
하반신은 말할 것도 없다
죽을 건더기조차 남지 않았다
호적에서 지워버릴 이름만 남겨 놓고
이제 땅속으로 찾아들거나
바람에 흩날려 사라지는 수밖에 없다
큰 나무 그림자 남겨놓고 미련 없이
훌쩍 떨어져내리는 단풍잎
못내 부러워하며

─김광규, 「단풍잎」, 시집 『물길』에서

내가 뒹구는 낙엽을 감성적이 아니라 의도적인 관찰 대상으로 삼은 시기는 강산이 바뀌는 세월보다 훨씬 더 거슬러 올라간다.

1년 7개월가량 다니던 직장을 무작정 그만두고 1980년 봄 서울대학교 환경대학원에 입학하는 것을 계기로 늦깎이 공부를 시작하기는 했지만 여러 가지 정황은 불안했다. 기억나는가? 그해는 차분하게 공부할 수 없는 날들이 계속 이어졌다. 서슬이 퍼런 군인들이 학교 문을 가로막고 들여보내 주지 않아 내 늦은 공부는 더디기만 했다. 그해 겨울 서울대학교 문리대 산악회 졸업생으로서 남미 아콩카과 등반에 참여하게 된 것도 잡히지 않는 길을 찾아 나선 하나의 방도였는지 모른다. 어쨌거나 대학원 공부도 마땅치 않은 여건으로 충실히 하지 못하고 훌쩍 시간이 흘렀다. 석사 학위를 해도 오라는 곳은 없었고 앞길은 여전히 막막했다. 1983년 여름, 처자를 남겨 둔 채 혼자 유학 길을 감행한 것은 불안한 길 찾기였다.

대부분 그러하겠지만 유학 첫 학기는 내게서도 쉽게 넘어가지 않았다. 돌이켜 보면 그때는 참으로 열심히 살았건만 과제는 끊임없이 내 꽁무니를 쫓아오고 내 걸음은 느리기만 했다. 그렇게 힘들었던 첫 학기가 지나가던 날은 남들이 대부분 기말 고사를 끝낸 날이었다. 버지니아 공대가 위치한 작은 읍 블랙스버그는 이미 많은 학생들이 떠나 주변이 여지없이 을씨년스런 시점이었다.

기말 고사가 끝나는 마지막 날 마지막 시간에 생화학 시험이 있었다. 생화학은 대학교 3학년 때 막연히 즐겼던 과목이기는 하지만 오랫동안 팽개쳐 두었으며, 내가 속한 환경 프로그램에서는 그 과목을 듣는 사람이 없었다. 더구나 제대로 들리지 않는 영어로 마땅히 물어 볼 동료마저 없어 그 학기 내내 나는 괴로웠다.

어쨌거나 시험은 끝냈다. 힘들었던 시험을 마친 다음 허탈감을 안

고 갈 곳도 없이 캠퍼스를 거닐며 마음을 삭여야 했다. 처량한 내 마음은 뒹굴던 낙엽들이 걸려 있는 작은 떡갈나무 군락과 한 그루의 소나무 아래에 머물렀다. 소나무 아래는 넓은잎이 쌓여 있지 않았다. 왜 그랬을까. 소나무 아래에는 낙엽을 잡아 주는 작은 나무들이 없었다.

　때로 고고한 사람들은 보통 사람들과 쉽게 어울리지 못하는 문제를 안고 있듯이, 고고한 소나무 주변에는 하찮은 식물들의 근접이 어렵다. 참나무에 비해서 소나무 잎은 촘촘히 박혀 있어 햇빛을 독차지하니 소나무 아래 작은 떨기나무와 풀이 자리를 잡더라도 어두워서 괴롭다. 무릇 작은 나무라 할지라도 스스로 광합성을 해야 하는데 소나무 아래서는 풍부한 햇빛을 기대할 수 없다. 그래서 견디지 못하고 사라져 가는 것이다. 더구나 소나무에는 참나무에서 잘 발견되지 않는 타감 작용이라는 것이 있다.[1]

　참나무가 이웃과 나누고 의논하기 좋아하는 사람이라면 소나무는 오로지 주변에서 이용할 수 있는 자원을 혼자서 차지하고 또한 자신의 문제를 독자적으로 해결하려는 사람에 비유할 수 있다. 여럿이

1, 2. 참나무와 소나무 아래 낙엽이 쌓여 있는 모습.[9]

3. 늘푸른 바늘잎나무는 잎떨어지는 넓은잎나무보다 많은 눈을 차단하여 숲 바닥에 이르는 물이 줄어든다.[1]

모여 자료를 공유하고 토론을 즐기는 학생이 참나무의 속성을 가졌다면 혼자 시험 준비를 하는 것이 더 효율적인 학생은 소나무와 비슷하다.

아는가? 소나무는 그렇게 고고하게 살아 제 자리에 탄소를 보유하는 능력이 상대적으로 떨어진다는 사실을. 기존에 발표된 74개의 연구 논문을 분석했더니 바늘잎나무를 심을 경우엔 초지나 넓은잎나무숲에 비해서 토양의 탄소 보유량이 12~15퍼센트 정도 낮았다.[2] 이 결과는 늘푸른 바늘잎나무숲에서는 잎떨어지는 넓은잎나무숲보다 빗물이 땅속으로 스며들 수 있는 침투량이 감소될 수 있다는 점을 시사한다. 나중에 다시 소개하겠지만 늘푸른 바늘잎나무인 소나무는 잎떨어지는 넓은잎나무보다 더 많은 물을 증발산하여 토양 수분을 소비한다. 그리고 비와 눈을 차단하여 땅에 이르는 물의 양을 적게 함으로써 하천의 유량을 감소시키는 문제를 낳기도 한다.

여기서 숲이 인간에게 주는 혜택을 한두 가지 잣대로 저울질할 생각은 없다. 그러나 이러한 사실도 고려해야 한다는 뜻이다. 고고한 소나무는 우리 조상들이 선망하는 나무이기는 하지만 고고함만으로는 인간 사회 성숙의 필요충분조건이 못된다. 사회가 성숙할수록 난제는 쌓여 가고, 난제가 쌓이면 쌓일수록 독불장군이 아닌 어우러져 대처해 가는 열린 마음을 필요로 한다. 그러나 이처럼 어우러져 사는 것이 성숙한 사회의 속성이기는 하지만, 고고함은 그 성숙한 사회가 있게 하는 필수적인 밑거름임에는 분명하다.[5]

어쩌면 소나무가 다른 나무의 근접을 싫어하는 까닭은 바늘잎을 가졌기 때문일지도 모른다. 바늘잎은 굳이 땅에 떨어진 낙엽을 잡아 줄 동료가 없어도 바람에 날려 갈 염려가 없다.

이제 어떤 요인이 바늘잎나무와 넓은잎나무의 진화를 초래했다고 가정하자.[6] 이 두 종류의 나무가 장구한 세월에 걸쳐 하나는 타감 작용을 강하게 지니고, 다른 하나는 타감 작용을 거의 지니지 않는 방향으로 진화되었다. 왜 그런 현상이 나타났을까? 바늘잎나무는 바람에 날려 가기 어려운 잎 모양 때문에 굳이 다른 식물을 통해서 잎의 손실을 막지 않아도 되는 전략을 지님으로써, 자연에 선택될 가능성이 높아졌을 수도 있었다.

그러나 나는 아직 소나무의 잎 모양이 타감 작용의 유무를 선택하는 데 기여하는 정도를 확인할 실험 방법을 찾아내지 못하고 있다. 여기서 내가 비난을 받아야 할 부분은 나무를 인간처럼 취급하는 점이 아니라, 바로 비유를 통해 만든 가설을 아직도 과학적으로 검정해 내지 못하는 부분이다.

아무튼 하찮은 낙엽에 대한 관심은 그렇게 시작되었다. ● ● ●

따로 보기 10
환경 문제와 물질 순환

시골에서 중학교를 다닌 나는 농업 과목을 수강할 때 질소와 인산, 칼리가 3대 비료라고 배웠다. 선생님은 그중에서도 질소를 가장 앞세워 강조하셨다. 그러나 이제 그 질소가 오염 물질도 된다는 얘기를 자주 듣게 된다. 질소는 오직 좋은 영양소인 줄 알았는데 그렇지 않은 모양이다.

이를테면 질산염이 많은 물을 마시면 어린아이들은 얼굴이 파랗게 되는 청색증에 걸린다. 산소를 운반해야 할 피 속의 헤모글로빈이 산소와 비슷하게 생긴 아질산염을 잘못 알고 착 달라붙기 때문이다. 아질산염은 산소가 원활하게 공급되지 않는 상태에서 일부 질산염이 변해서 만들어진 것이다.

물에서 질산염의 증가는 다른 원소들의 순환 과정을 조절함으로써 생태계 전체의 변화를 불러오기도 한다.[7]

대기에서 질소 화합물은 오존 생성에 관여하여 천식 환자를 괴롭히는 원인이 되며, 질산으로 바뀌면 산성비의 성분도 된다. 네덜란드에서는 목장의 소나 돼지 똥에서 나온 질소 화합물이 암모니아가 되어 주변의 나무를 죽이는 원인이 된다는 얘기도 들었다.

몇 해 전에 나는 북경에서 열린 '아시아 지역의 토지 이용 변화와 환경 문제'에 대한 심포지엄에 참가하여 네덜란드 학자와 다음과 같은 얘기를 나눌 기회가 있었다.

"네덜란드는 질소 오염이 심각하다는데 사실인가요?"

"예, 매우 심각한 오염 원인입니다."

"제가 보기에는 그것이 축산 정책과 관련이 있는 듯한데…… 이를테면 사료를 10,000톤 수입하면 그것이 모두 고기가 되는 것은 아니지 않습니까? 아마도 생태적 효율을 10퍼센트 정도로 보면 기껏해야 1,000톤 정도가 흡수되어 고기로 될 것입니다. 그러면 나머지 9,000톤은 땅이나 대기, 물 그리고 다른 생물로 갈 수밖에 없지 않을까요?"

"그렇지요."

"그러면 그 9,000톤은 식물이나 다른 생물의 영양소도 되겠지만 많은 부분은 오염물로 둔갑할 것입니다."

"맞습니다."

"그런데 왜 사료를 수입하고 가축을 키워서 고기를 수출하는 정책을 계속하고 있는 것이죠? 그런 것쯤은 오래전에 알았을 텐데 왜 아직도 고치지 못하고 있나요?"

"많은 사람들이 문제를 알아차리기 전에 사료 수입과 육류 수출, 그리고 목장 경영에 관계하는 사업가들이 이미 많은 돈을 벌었어요. 그 돈을 기반으로 사료 수입에 의존하는 목축 정책을 유지하도록 정치가들에게 로비를 합니다."

여기서 이 대화는 끝이 났다. 그리고 나는 마음속으로 이런 생각을 계속했다.

'그렇구나. 과학적으로 밝혀진다고 해서 잘못이 쉽게 고쳐지는 것은 아니구나. 물리학에서 관성이라는 것이 있듯이 어느 정도 지속되어 온 일은 가는 방향을 쉽게 돌릴 수 있는 것이 아니지. 그래, 환경 문제가 기술이나 자연과학만으로는 쉽게 해결되지 않는 까닭이 여기에 있구나. 과학자가 사실을 밝히는 데 단단히 한몫하는 것은 사실이지만 결국 문제의 실마리는 그것을 실천으로 이끌 수 있는 사람의 마음가짐과 행동이 쥐고 있는 것이구나. 그것은 정책

▶ 전통 마을 하수구는 집 앞의 논과 연결되어 영양 물질의 유익한 수수 관계를 이룬 보기가 된다.

이나 경제 활동과 관계가 있고…….'⁸⁾

이 대화에 포함된 의미는 무엇일까? 우선 좋은 것도 너무 많거나 알맞은 때에 알맞은 곳에 있지 않으면 오염 물질이 된다는 사실이다. 3대 비료 중의 하나인 질소가 오염 물질이 되는 까닭은 여기에 있다.

둘째, 이러한 오염 현상은 물질의 분포와 밀접한 관계를 가지는데 이는 물질 흐름으로 나타나는 결과이며, 그 이면에는 사람들의 활동과 그 활동을 좌우하는 지식, 그리고 경제 활동이 작용하고 있다. 경제 활동 또한 그것을 수행하는 사람들이 어떤 생각을 가지고 있느냐에 따라 일어나기 때문에 자연과학적인 지식만으로 결정되는 것이 아니다.

오늘날 일단의 생태학자들은 이러한 물질 분포가 어떤 과정에 의해서 결정되는지 밝히는 작업에 몰두하고 있다. 환경 문제가 물질뿐만 아니라 에너지와 정보의 분포와도 관계가 있기 때문에 이들의 이동 관계도 깊이 있게 다룬다. 이런 접근은 특별히 공간을 생태 과정과 연결시키는 문제를 다루기 때문에 공간생태학이라 불린다. 경관생태학과 광역생태학, 지구생태학이 여기에 속한다. 이 분야는 극히 최근에 원격 탐사 기술과 자료 축적, 지리 정보 시스템과 모형에 의한 연구 방법들을 이용하여 빠르게 발달하고 있다. 이런 공간생태학이 물질 순환과 환경 문제의 관계를 보는 방식은 대략 다음과 같이 비유적으로 표현할 수 있다.

나에게 어떤 문제가 부딪쳐 오면 먼저 혼자서 해결해 보려고 한다. 수월하지 않을 때는 가족이나 가까운 사람들에게 도움을 구하면 좋은 방안을 얻을 수 있다. 그러나 그 과정에서 내가 지나치게 친구에게 의존하면 필경 그 친구가 나를 피하게 된다. 이와 비슷하게 한 가정에 문제가 생겼을 때 공동체의 도움을 받으면 해결할 수 있지만 지나치면 눈총의 대상이 된다.

국가 사이에도 무역과 같은 수수 관계가 어느 정도 균형을 이루면 서로 도움이 되지만, 어느 한쪽이 일방적으로 주거나 돕는 상황이 되면 그 관계가 오래가지 않는다. 이와 같이 외부의 물질과 정보를 거부하지 않는 적당히 열린 계는 환영받지만 주체성을 상실할 정도로 열리면 오히려 곤란한 지경에 이른다.

이 얘기는 나중에 생태계의 자치력과 관련된 내부 순환과 외부 순환이라는 주제로 다시 등장할 것이다. 主

봄에 지는 낙엽

매년 크리스마스 때면 나는 산우들과 함께 경기도 가평군에 있는 운악산을 생각한다. 1973년 12월 25일, 얼어붙은 폭포를 타다가 젊은 나이에 세상을 떠난 산친구 심상전 군과 권오준 군의 추모비가 그곳에 있기 때문이다.

몇 해 전 12월 24일 금요일, 오후 5시가 되기 전에 나는 귀가를 서둘렀다. 그날 저녁 대성리에서 있을 모임에 현진오의 가족과 동행하기로 했기 때문에 그의 퇴근을 기다려야 했다.[9] 크리스마스 분위기로 들뜬 시내의 길은 온통 막혀서 퇴근하는 시간이 길어졌고, 그래서 예상보다 훨씬 늦게 우리는 서울을 떠났다. 봉천동에 있던 교수 아파트에서 과천까지 1시간이 소요될 정도로 남부순환도로도 막혀 있었다. 경기도 대성리 통나무집에 도착했을 땐 밤 11시에 육박해 있었다.

그 모임에는 산악회에서 동료 의식을 가졌던 80년대 학번들이 오랜만에 대거 참여해서 비교적 화목한 분위기가 이미 조성되어 있었다. 그런 모임이 매양 그러하듯 산악회원인 남자, 부인, 아이들은 세 무리로 끼리끼리 노는 방식이 달랐지만 각자 비교적 즐거운 분위기를 만끽하는 셈이었다. 술을 마시며 일상적인 얘기를 나누다가 나는 12시가 조금 지난 시점에 쌓인 피곤에 먼저 잠들어야 했다. 그러다가 새벽 5시 무렵 현진오의 높은 목소리에 잠이 깨었다. 얘기의 내용에는 나에 대한 것도 들어 있었다. 잠이 깨어 어쩔 수 없이 그 자리에 동참했다가 한두 시간 함께 이야기를 나누었던 것으로 기억된다. 그 과정에서 현진오는 국립공원 관리에 관련된 문제점들에 대해서 내가 침묵하고 있는 점에 감정을 토로하기도 했다. 나름대로 현장에서 부딪치는 과정에서 쌓이는 울분을 그렇게 토할 수밖에 없을지도 모른다. 그럼에도 불구하고 그런 일들이 사실은 내 뒷전에 있었다.

몰려오는 요구들이 내 관심사와 거리가 있을 때 나는 어떻게 해야 하는 것일까? 나름대로 사태를 직시하고자 노력하지만 내게는 아직 전공과 거리가 있는 문제들을 배려할 여유가 없다. 그의 감정적인 표현이 백번 옳기도 하지만 이 세상의 온갖 문제들을 짊어지고 갈 능력이 내게는 없다. 더구나 지난 학기까지 계속된 강의와 피로에 밀려 내 공부도 충실히 하지 못했다는 반성이 가장 큰 부분을 차지하고 있는 현실이 아닌가? 산적한 일들을 보면 내 몸이 아플 틈도 없건만 현실은 그러하지 않다. 지금까지 나름대로 하고 있던 공부가 자연보호와 거리가 있었지만 이번 학기 들어서 이래저래 그런 일에 연유되는 인연은 또 무슨 까닭일까? 그러나 내 자신을 제대로 세울 때까지 남들의 비난에 성급한 대응일랑 하지 말아야 할 것이다. 그래서 그때 그의 감정에 침묵하는 것이 최선이었을까?

새벽닭이 울 무렵에야 잠자리에 들었던 후배들이 많았기에 아침 시간은 비교적 길었다. 대충 밥을 해 먹고 오전 늦게서야 대성리를 떠났다. 일부는 먼저 서울로 돌아가고 대부분의 가족은 운악산 빙폭으로 향했다. 가는 길은 공교롭게도 내가 육군 하사로 임관한 다음 전역할 때까지의 힘들었던 추억이 서려 있는 가평군 율길리를 지나는 길이었다. 이제는 그때의 시간이 내 삶에 어떤 의미를 가지는지 가늠할 길 없지만, 내 삶과 생각이 그때 많이 변했던 것만은 틀림없다.

아마도 정오가 제법 지나서야 운악산 계곡 입구 주차장에 도착했을 것이다. 우리는 아이들을 데리고 길을 올랐다. 산 중턱에서 내려다보니 문득 근래에 관심을 가지고 있는 풍경이 유난히 눈에 들어왔다. 능선을 기준으로 왼쪽 사면의 참나무 군락들은 빛이 바랜 잎들을 모두 달고 있었다.

대부분의 낙엽수는 가을이 되면 잎을 떨어뜨린다. 낙엽은 잎이라는 공장에서 투자하는 만큼 생산되는 에너지의 양이 충분하지 않을 경우 발생하는 조업 중단에 비유될 수 있다. 즉 햇빛을 받아 광합성을 하던 잎에 영양소 공급이 신통하지 않아 일시적으로 공장 문을 닫는 모습을 보인다. 그러기에 가을이면 낙엽은 마지막 안간힘으로 아름다운 자태를 뽐내고는 한 생을 마감한다.

그러나 겨울에도 내내 빛이 바랜 잎을 달고 있는 나무를 본 적이 없는가? 다음에 겨울 산행을 하면 그런 모습을 눈여겨보라. 다른 나무들과 비슷한 시기에 잎의 색깔이 변하기는 해도 겨울 내내 잎을 달고 있는 나무가 갈색을 띠며 우리의 산을 지키고 있다. 지금까지 본 바에 의하면 참나무와 일부 단풍나무에 그런 경향이 있다. 또한 좀 더 확인해 볼 필요가 있지만 큰 나무보다는 작은 나무가, 그리고 바위투성이 산이나 건조하고 메마른 산의 능선부와 소나무 아래 있는 참나무가 그런 모습을 많이 보인다. 내가 관찰하고 있는 관악산의 참나무는 가을에 색이 변한 잎을 겨울 내내 달고 있다가 만물이 태동하는 이른 봄에 일시에 떨어뜨린다.

왜 그런 것일까? 대부분의 나무들과 달리 빛이 바래 광합성이라는 본래의 기능을 수행하지 못하는 잎을 겨우내 달고 있는 생존 전략이 자연선택될 수 있었던 면이 분명히 있기에 그들은 지금 그렇게

색이 바랜 잎을 봄까지 달고 있는 서울 관악산의 참나무[10]
1. 1997년 2월 15일.
2. 1997년 3월 16일.
3. 1997년 4월 17일.
4. 1997년 4월 26일.

▲ 색이 바랜 잎을 겨울에도 달고 있는 속리산의 단풍나무.[11]

존재하고 있을 것이다. 그렇다면 그런 나무가 선택될 수 있었던 장점은 무엇일까? 아마도 낙엽에 포함되어 있는 영양소를 재활용할 수 있는 이점 때문이 아닐까?

겨울에 잎이 떨어지면 이 땅의 강한 북서풍에 모두 날려 가기 쉽다. 반면에 봄에 떨어진 잎은 멀리 도망가기 전에 이미 미생물의 활동이 시작되어 곧장 분해되므로, 식물은 방출되는 영양소를 왕성하게 흡수하여 재활용할 수 있는 이득이 있다. 바람이 세고, 경사가 급하며, 바위투성이라 토양 영양소가 풍부하지 않은 지역에서는 이와 같은 전략을 가진 나무가 선택될 확률이 높을 수도 있다. 실제로 계곡보다는 수분과 영양소가 척박하며 화강암투성이인 관악산의 능선부와 남사면에서 그런 나무들이 많이 보이는 것은 이러한 가정을 부분적으로 뒷받침한다.

1996년 3월 대만의 임업연구원 유역관리부에서 연구하는 킹(King) 박사가 내게 들렀다. 임업연구원 신준환 박사의 안내로 우리는 함께 광릉수목원을 방문했다. 소리봉 가는 길 양변의 숲에서 참나무와 단풍나무는 여전히 잎을 달고 있었다. 그 후 몇 해가 지나 신준환 박사와 함께 갔던 겨울 속리산에서도 단풍나무는 마른 잎을 달고 있었다. 겨울에 잎을 달고 있으면 이듬해 새로 돋아날 새싹을 보호하는 데도 도움이 될 것이라는 킹 박사의 짐작도 아직 검정해 볼 여지가 있다. ●●●

따로 보기 11
썩지 않는 낙엽

내가 아는 범위 안에서 낙엽이 썩는 과정에 대한 연구는 스웨덴 학자들이 비교적 일찍 시작했다. 그곳은 미생물이 제대로 활동하기에는 너무 추웠다. 그리고 미생물이 먹기에도 맛이 없는 바늘잎나무 잎들이 대부분이라 잘 썩지 않을 수밖에 없다. 잘 썩지 않으니 영양소들은 낙엽에 갇혀 나오지 못하고, 어미 나무가 재활용할 여지가 적었다.

그래서 스웨덴 사람들은 낙엽을 빨리 썩혀야 했다. 그래야 영양소가 스며 나오고, 그래야 어미 나무가 흡수하여 광합성을 많이 하고, 그래야 목재를 많이 생산할 수 있기 때문이다. 목마른 자가 샘을 판다고, 그래서 스웨덴 학자들은 일찍부터 썩는 문제에 대해 고심했던가 보다.

《조선일보》'이규태 코너'에서 썩는 문제를 얘기한 적이 있다. 기억을 더듬어 보면 대충 이런

▲ 스웨덴에서 찍은 바늘잎나무.[12]

3 땅에서 바라보고 165

내용이었다.

  옛날 우리나라 사람들은 먼 길을 떠날 때 짚신을 몇 켤레씩 챙겨야 했는데, 가다가 닳아 더 신을 수 없으면 나무에 걸어 놓고 갔다고 했다. 그래도 별로 문제가 되지 않았다. 무덥고 습한 여름 기후를 가졌기 때문에(그리고 미생물 대사가 활발해서) 짚신이 잘 썩었다. 그리하여 우리나라 사람들은 쓰레기를 아무 데나 버리는 습성을 갖게 되었다.

  적어도 썩는 문제, 곧 쓰레기가 자연적으로 정화되는 데 걸리는 시간만 고려한다면, 우리나라가 스웨덴보다 훨씬 살기 좋은 천혜의 조건을 갖춘 나라임에는 틀림이 없다. 그래서 썩는 문제에 대해 그 사람들만큼 애달프게 연구하지 않아도 되었던가?

이제 낙엽이 잘 썩지 않음에서 환경 문제의 심각성을 얘기하는 경우가 있다. 썩어야 할 존재들이 썩지 않는 것이 문제인 줄은 안다. 일찍이 파브르는 『곤충기』에서 벌레들이 고마운 청소부라는 사실을 알려 주었지만 그것이 그렇게 고마운 줄은 이제야 모두 안다.

지금의 환경 문제 중에서 상당 부분은 자연의 미생물들에게는 이상한 물질들을 생산하는 우리의 일과 관련이 있다. 썩는 속도가 매우 더딘 물질을 쏟아 내는 사람들이 문제의 핵심인 경우가 많다.

도시의 낙엽이 썩지 않는 이유를 간단히 산성비 때문이라고 믿는 사람도 있다. 나는 그렇게 간단한 문제는 아니라고 추측한다. 여러 가지 환경 조건이 갖추어질 때 미생물은 제대로 활동한다.

주변 환경의 온도와 산성의 정도도 적당해야 하고, 물도 있어야 한다. 지금의 도시 숲은 산성화되기도 했겠지만 더 시급한 것은 대사 활동에 필요한 물이 아닐지? 사람들이 뿜어낸 도시의 열기로 더 많은 물이 증발되어 버렸고, 불투성 시멘트나 아스팔트로 땅을 덮어 빗물이 스며들지 못한다. 그런데도 수돗물을 믿지 못하는 사람들이 더 많은 지하수를 퍼마신다. 어디 지하수인들 배겨 나겠는가?

그런 상황에서는 토양에 남아 있는 수분이 제대로 유지되지 않는다. 물 공급도 예전만 못하고, 토양도 산성화된 상황에서 토양 미생물들은 이제 일하기 싫어한다. 아니 일을 하기 싫어하는 것이 아니라 살아남을 재간이 없다. 산성화 문제만 처리하면 해결될 일은 아니다. 물도 있어야 한다.

흙길이었을 때 언덕길은
깊고 깊었다.
포장을 하고 난 뒤 그 길에서는
깊음이 사라졌다.

숲의 정령들도 사라졌다.

깊은 흙
얄팍한 아스팔트.

짐승스런 편리
사람다운 불편.

깊은 자연
얕은 운명.

— 정현종, 「깊은 흙」

무슨 수를 써서 물 문제를 해결한다고 해도 다른 골칫거리는 여전히 남는다. 잘 썩지 않은 낙엽에 석회만 뿌리는 일도 결코 칭찬할 수 없다. 산성화된 낙엽에 석회를 뿌리면 토양과 낙엽이 어느 정도 중성화되는 것은 사실이다. 그러면 일부 미생물들은 좋아라고 일을 한다. 그런데 너무 갑작스레 낙엽이 썩으면서 지나치게 많은 양의 영양소가 나오니 또 문제다.

준비되지 않은 미생물과 식물이 영양소를 흡수하는 속도는 썩는 낙엽이 공급하는 속도를 따라 잡을 수 없다. 이제 영양소는 미생물도 먹고, 식물이 먹어도 남는다. 남아도는 영양소들은 어디로 갈까? 당연히 비가 오면 유출수에 씻겨서 아래로 아래로 간다. 강물로 가고 지하수로 간다. 그중에는 질산염도 있고, 황산염도 있고, 인산염도 있다. 이것들이 물에 많아지면 부영양화가 된다.

갑자기 썩을 때 쏟아져 나오는 질산염을 땅 위에 잡아둘 방도는 없을까? 식물은 빨리 일을 하지 않으니 다른 대안을 찾아야 한다. 그것은 미생물로 하여금 토양의 영양소 창고를 넓히게 하면 어느 정도 가능하다. 미생물은 자신이 에너지를 고정하지 못하니 일반적으로 고정된 에너지의 공급량이 부족하면 활동이 제한된다. 그런 상황이라면 충분한 에너지원을 공급하여 미생물 활동을 도울 수 있다.

언뜻 떠오르는 것이 톱밥이나 나뭇가지다. 이것들은 사실 미생물들이 필요한 영양소를 골고루 가지고 있지 않기에 쉽게 썩지 않는다. 생각해 보라. 우리가 조잡한 음식물로 영양소가 균형이 맞지 않으면 비타민을 먹는다는 사실을! 미생물에게 조잡한 톱밥과 나뭇가지들을 안겨 주면 그들은 에너지 때문에 무엇인가 할 것이다. 유기 탄소를 공급하면 식물이나 동물에 비해서 재빨리 영양소를 흡수할 것이다. 미생물은 몸집이 큰 생물에 비해서 상대적으로 개방되어 있는 체계이며, 환경 변화에 민감하다. 왜냐하면 미생물은 몸이 작으니 부피에 비해서 상대적으로 표면적이 넓기 때문이다.

그들은 영양소의 균형을 맞추기 위해서 토양에서 넘치는 영양소들을 흡수할 것이다. 사실 질소와 황이 집적된 토양에서는 에너지 자원인 유기 탄소가 모자라고, 톱밥과 나뭇가지에서는 유기 탄소는 남아돌지만 질소와 황과 같은 미생물의 필수 영양소가 부족하다. 미생물의 입장에서 보면 질소와 황이 쌓여 있는 토양과 톱밥은 궁합이 잘 맞는 자원이다.

참고로 미생물, 토양, 톱밥에 함유되어 있는 탄소와 질소 함유량을 분석해 보면 현저한 차이가 있다. 대략적으로 보면 미생물과 토양, 톱밥은 각각 질소 1그램에 대해 탄소를 5~8, 8~15, 400그램 함유하고 있다.[13] 산술적으로 미생물이 톱밥을 먹이로 하여 400그램의 탄소를 취하다면 영양소 균형을 맞추기 위해서 주변에서 50~80그램가량의 질소를 섭취해야 된다.

실제로는 톱밥에서 섭취된 탄소 중 상당한 부분이 이산화탄소로 날아가기 때문에 그렇게 간단히 계산되는 것은 아니지만 그래야 자신의 몸에서 탄소:질소 비를 5~8:1로 유지할 수 있다. 그러나 톱밥을 먹이로 이용한다면 외부로부터 많은 양의 질소를 섭취해야만 영양소 균형을 맞출 수 있을 것만은 틀림없다.

그러기에 산성화된 창덕궁 후원이나 남산의 숲에 그저 석회만 뿌릴 것이 아니라 톱밥도 곁들여 생태계 전체가 질소를 포함하는 영양소를 아울러 보유할 수 있는 능력을 북돋아 주면 어떨까?

미생물은 톱밥에 재빨리 반응하여 질소를 흡수할 것이다. 이는 토양으로부터 씻겨 나가는 질소의 양을 감소시킬 것이다. 그리고 톱밥 양이 서서히 줄어들면 미생물은 조금씩 죽어 가고 주검이 분해되면서 영양소는 방출될 것이다. 때를 맞추어 미생물에 비해 상대적으로 천천히 반응하는 식물은 미생물 주검에서 비롯되는 영양소를 흡수하며 성장해 갈 것이다. 산성비와 함께 내린 과잉의 질소는 식물의 성장을 거쳐 먹이사슬을 따라 동물의 몸집까지 옮겨 갈 것이다.

그러나 항시 너무 많은 것은 좋지 않으니 지나친 양의 석회도 톱밥도 곤란하다. 이제 뿌려 주어야 할 석회와 톱밥의 알맞은 양을 결정하기 위해서는 그것에 대해 연구하는 자세가 필요하다. 生

조릿대와 낙엽

이상하게도 점봉산 연구지에는 남사면 일부 지역에만 조릿대가 덮여 있다. 북사면에서는 가끔 있다고 하더라도 세력이 무척 약하다. 가을에 일년생 초본들은 빛이 바래 이울지만 조릿대는 오히려 푸른 빛을 더한다. 왜 점봉산의 조릿대는 남사면 일부 지역에서만 자라는 것일까?

1997년 3월 24일 우리 연구실에 들렀던 일본 기후 대학교 니시무라[西村] 박사는 대부분의 식물이 여름에 광합성을 왕성하게 진행시키는 반면에, 일본 조릿대는 오히려 그때 호흡으로 소비하는 양이 광합성으로 생산하는 양보다 많다고 했다. 대신에 나무들의 활동이 약한 봄과 가을에 여름에 소비한 물질을 보충한다니 독특한 전략을 가지고 있는 셈이다. 아마도 여름에 무성한 잎으로 빛을 차단하는 나무와 다투지 않고 지역을 공유하기 위한 전략이 아닐까? 아울러 조릿대는 자기와 이웃을 위해 지역의 영양소 운명에 어떤 역할을 하고 있는 것은 아닐까?

1993년 10월 23일 오후 2시 무렵 점봉산 연구지에 도착했을 때 북사면은 눈이 깊이 10센티미터가 넘게 덮여 있었다. 눈이 없는 남사면에 낙엽의 이동 정도를 확인하기 위해서 일정 높이를 따라 일직선으로 페인트를 뿌려 두었다. 시간이 지남에 따라서 조릿대가 있는 곳과 없는 곳에 쌓여 있던 낙엽의 상대적인 이동 거리를 비교해 볼 요량이었다.

이듬해 봄 페인트가 묻은 낙엽들의 위치를 확인했지만 이미 염료가 탈색되어 찾기 어려웠다. 시사할 만한 결과를 얻을 수 없었던 그때의 실패를 바탕으로 대안을 찾았다. 1994년 11월과 12월 2회에 걸쳐서 남북사면의 한 곳에 색종이와 페인트로 표시한 낙엽을 모아 두었다. 역시 시간이 지난 다음 이동 거리와 방향을 확인하여 조릿대의 낙엽 포착 정도를 확인해 볼 생각이었다.

1995년 5월 흩어진 색종이와 낙엽들의 위치를 확인하고 놓아 둔 곳을 원점으로 하여 좌표상에 표시해 보았다. 남북사면에서 조릿대가 없는 곳에 두었던 색종이와 낙엽은 특히 산정 방향으로 이동했지만 조릿대가 있는 곳의 낙엽은 전혀 이동하지 않았다. 이것은 조릿대가 낙엽 이동을 방지하고 있다는 사실을 분명하게 보여 주었다. 우리는 또한 남사면의 조릿대가 있는 지역과 없는 지역 각 세 곳, 그리고 북사면의 세 곳의 지역(50×50cm)에 축적된 낙엽량을 채취하여 무게를 달아 보았다.

표 6 숲 바닥의 지역에 따른 낙엽 축적량의 비교(g/m^2)

채취 장소	채취 일자	
	1995년 2월 18일	1995년 5월 28일
북사면 (n=3)	-	1076.9(±69.6)*
남사면 조릿대 있는 지역 (n=3)	441.3(±37.3)	415.5(±72.1)
남사면 조릿대 없는 지역 (n=3)	215.9(±144.6)	38.9(±10.7)*

1995년 5월 28일 시료 중에서 * 표가 있는 것들은 습기가 있는 상태로 무게를 잰 다음 오븐에서 말리는 동안 소실시켰기 때문에, 마침 측정해 두었던 세 지역의 토양 수분 함량이 낙엽의 수분 함량과 비례한다고 가정하고 추정한 무게이다.

이 지역의 연간 낙엽 생산량은 대략 1제곱미터당 300그램이 좀 넘는다.[14] 그렇다면 우리가 얻은 자료는 남사면 조릿대가 없는 지역에 떨어진 낙엽이 바람에 날려 조릿대가 있는 지역과 북사면으로 이동하여 축적된다는 사실을 보여 준다. 실제로 현장에서 그렇게 이동하는 낙엽들을 보았기에 우리는 실험 결과를 확신했다.

이러한 사실로부터 나는 다시 상상을 해 본다. 그곳의 조릿대는 큰 나무 입장에서 보면 영양소에 대한 경쟁자만은 아닐 것이다. 어쩌면 조릿대는 자기가 필요한 양 이상으로 낙엽에 포함된 영양소를 포착하는 공헌을 하지 않을까? 이 포착이 극히 우연이기도 하지만 그 결과는 지역의 영양소 보유 능력을 증진시키고 있다. 물론 그렇게 포착된 낙엽에 함유되어 있는 에너지는 그곳의 벌레들과 벌레를 먹는 새들의 먹이 기반이 될 수밖에 없다.

온대 지방 숲에서 연간 순 일차 생산량의 약 25퍼센트가 낙엽으로 된다고 하니[15] 행동학자들을 매료시키는 화려한 동물의 몸짓에서 반의 반은 낙엽에 포함된 에너지의 농축으로 유래된다는 말이다. ● ● ●

1. 숲에서 생산되는 낙엽의 양을 측정하기 위한 장치.[16]
2. 조릿대 밭에 쌓인 낙엽.[17]

관중

가톨릭대학교 생물학과 조도순 교수는 서울대학교 식물학과에서 나와 비슷한 시기에 공부를 한 동료로 함께 생태학을 연구해 왔지만, 한동안 학문적인 접촉을 가질 만큼 서로 여유가 없었다. 지금까지 연락을 하고 함께 시간을 보내기도 하며 연구지를 공유하게 된 것은 점봉산 방문이 계기가 되었다. 그해, 그러니까 1993년 가을 학기 조교수는 서울대학교 생물학과에 군집생물학 강의를 나왔다. 나는 생태계의 구조에 대한 지식이 취약하기 때문에 우리 학생들로 하여금 조교수의 강의를 듣도록 종용했다. 아마도 7명 정도의 환경대학원 학생들이 조도순 교수의 강의에 참여했던 것으로 짐작된다. 학생들은 군집생태학 강의에 흥미를 느끼고 거기서 다루어진 내용들을 점심 식사나 술자리 때의 화제로 삼아 내게 전달했다. 그의 시험 문제 중에 나온 점봉산의 관중[18]은 학생들과 내게 생각할 거리를 제공했다.

생장기에 관중은 줄기를 나열하여 마치 반쯤 접은 우산을 뒤집어 놓은 형상을 하고 있다. 가을 생장이 끝나면 하단의 지지력을 잃은 줄기들이 그대로 땅으로 누워 우산대 모양으로 펼쳐지지만 여전히 푸른빛을 유지한 채 겨울을 난다. 조 교수는 그러한 독특한 과정이 식물에게 어떤 이득이 되는지 물었다. 일부 학생들은 줄기가 서 있지 않고 누움으로써 공기와 접촉이 적어지고 추위에 견디기 쉽고,

또 초겨울 줄어든 햇빛을 받는 면적이 늘어날 수 있다는 등 나름대로의 추측으로 분분한 의견을 제시했다. 우리는 아직 조 교수가 어떤 정답을 가지고 있는지 모른다. 사실 그에게도 마땅한 정답은 없는 것 같다. 아무튼 조 교수가 문제를 제기한 이후부터는 점봉산에 갈 때마다 관중의 모습을 유심히 관찰하게 되었다.

1, 2. 가을과 봄의 관중의 모습.[19]

나아가 그동안 염두에 두고 있던 주제와 결부시키기 시작했다. 그해 가을 누워 있는 관중의 줄기 아래에는 더 많은 낙엽들이 쌓여 있다는 느낌을 받았다. 그래, 더 많은 낙엽을 잡는 데 도움이 되고 있어! 생장 기간에는 삿갓을 거꾸로 세워 놓은 듯한 배열을 하고 있어 마치 통발처럼 그곳으로 떨어진 낙엽과 작은 가지들이 빠져나가지 못하게 하는 구조를 가지고 있다.

그렇다면 생장 기간에 포착했던 중앙의 낙엽이 줄기 밑으로 옮겨 갈 가능성은 있는가? 그해 가을 지극히 간단한 실험을 구상했다. 색종이를 관중 줄기 배열의 중앙부에 두어서 겨울 동안 어떻게 이동하는지 살펴보았다. 관중 줄기 아래와 줄기가 없는 부분에 쌓이는 낙엽의 양을 비교도 해 보았다.

1995년 4월 국제 장기 생태 연구망 형성을 위해 대만에 갔을 때 이와 비슷한 모습을 다시 보았다. 하루 300명의 입장객만 허용한다는 식물원이 있는 복산(福山)에서 나무 위에 부착되어 자라는 경향이 있는 상록성 파초일엽 또한 낙엽을 모으고 있었다. 파초일엽은 나무 위에 자라 잎을 눕혔다가는 낙엽을 모두 잃고 말 처지였지만 다행히 상록수라 살아 있는 동안은 우산을 뒤집어 놓은 모습을 유지할 수 있었다. 이 점이 관중과 다르지만 줄기 속에 갇힌 낙엽으로부터 영양소를 얻을 수 있는 공통점을 가지고 있었다.

이 실험은 어려울 것도 없어서 1995년 9월 23일 점봉산에서 곧장

▶ 고사리의 일종으로 부착식물인 파초일엽 줄기 묶음 안에 갇힌 낙엽.[20]

실행에 옮겼다. 아직 관중은 줄기를 곧추세우고 있었다. 하지만 머지않아 하나씩 몸을 눕힐 것이다. 북사면과 계곡에 있는 관중 다섯 그루씩을 선택하여 중앙부에 색종이를 비치해 두었다. 10월 13일 계곡에 있는 관중들은 여전히 줄기를 세우고 있고 줄기 가운데 놓아둔 색종이들 위에 낙엽이 수북하게 쌓여 있었다. 색종이를 비치했던 북사면의 다섯 그루 관중 중에서 두 그루는 한두 줄기가 넘어진 상태로 가운데 쌓인 낙엽이 아직 흩어지지 않았고 세 그루는 누워 있었다. 줄기가 넘어진 관중 중 한 그루에는 색종이가 조금 흩어져 있었지만 두 그루의 줄기 아래에는 색종이가 가볍게 눌린 모습을 하고 있었다. 어쩌면 그럴지도 모른다고 상상하던 막연한 추측이 사실대로 나타난 모습이었다.

관중의 줄기가 낙엽을 감지하는 작용을 가지고 있어서 줄기가 눕기 전에 그 위로 일부러 쓰러진다고 생각하지는 않는다. 그러나 이 결과는 분명히 관중이 10~13개의 줄기를 원형으로 나열하여 통발 모양을 만들고 거기에 떨어진 낙엽을 주변에 붙들어 놓는 현상이다.

그 과정으로 관중의 주변에 상대적으로 많은 양의 낙엽이 쌓이는 현상을 초래하는 것이 분명하다. 그렇게 축적된 낙엽이 분해되는 동안 생산되는 영양소는 관중에 의해 활용될 가능성이 그만큼 더 크다. 더군다나 관중이 자리 잡고 있는 북사면 전체에서는 낙엽으로 매개되는 영양소 이동이 상대적으로 짧은 거리에서 일어나니 그만큼 지역의 영양소 보유력은 증대된다. 이런 하잘것없는 현상에 매료되어 36장의 필름을 온통 관중 모습을 찍는 데 소비했다.

그날 처음으로 관중 한 포기의 줄기 수와 길이, 줄기들이 모여 이루는 하부 원형의 직경과 상부 원형의 직경을 측정했다. 관중은 80~90센티미터 길이의 9~13개의 줄기가 원형으로 배열되어 그 전체 모습이 마치 뒤집어 놓은 삿갓 모양을 하고 있다. 줄기가 배열된 하부 직경은 8~10센티미터가량이며, 줄기의 끝이 이루는 원형의 직경은 대략 110~120센티미터가량이다. 하부 원형 안에는 다음 해에 나올 여린 새싹들이 양손을 모아 안으로 구부린 손가락 모양으로 원형으로 배열되어 있다. 나는 학생들에게 관중의 중심부에 쌓여 있는 낙엽을 수거하여 무게를 달아 두도록 부탁했다. 내년 봄에는 관중의 주변 1제곱미터에 쌓이는 낙엽의 양과 다른 지역에 축적된 낙엽의 양을 비교해 보고, 여건이 허락하면 줄기 전부가 눕는 과정과 모습을 비디오 촬영을 통해 관찰해 볼 작정이다.

줄기가 쓰러지기 전에 관중 한 그루가 잡는 낙엽은 평균 27그램이었다. 이것은 순전히 줄기의 중앙에 잡히는 양을 나타낼 뿐이므로 줄기가 비탈을 타고 흘러내리는 낙엽을 가로막고 있는 양까지 고려하면 그 역할은 예사롭지 않을 것이다.

1996년 4월 11일 제15대 국회의원 선거를 마치고 오후 늦게 1학년 학생 2명을 포함하여 6명이 점봉산으로 향했다. 겨울 동안에도 한 달에 한 번씩 산으로 들어갔지만 가벼운 관찰로 끝났기에 점봉산 연구는 봄날과 함께 다시 풀렸다. 북사면에는 여전히 잔설이 깊이 50센티미터가량 남아 있었지만 대지의 숨결(토양 호흡)과 영양소, 효소 활동을 측정하는 학생들의 작업을 돕는 한편 관중에 대한 내 관찰은 계속되었다.

겨울 내내 깊이 1미터가 넘는 눈 속에 파묻혀 있던 관중은 눈이 녹은 곳에서는 여전히 초록빛을 유지하고 있었다. 관중의 중앙부에 남아 있는 낙엽을 긁어내고 보니 썩은 낙엽은 거의 흙의 모양을 띠고 있었다. 더욱 신기한 것은 마치 벌레의 똥처럼 직경 1밀리미터 이하의 새까만 알갱이들이 흩어져 있었다. 올해 봄 새싹이 나올 중앙부에 남은 낙엽을 벌레들이 먹고 남겨 놓은 것일지도 모른다. 직경 10센티미터도 되지 않는 관중 중앙부의 세계 위에 이루어지고 있는 공생 관계를 생각해 본다. 관중은 낙엽을 모으고, 벌레는 낙엽을 먹고 똥을 배설하여 비가 오면 영양소가 녹아날 모양으로 바꾸어 놓았다. 땅이 풀리면 그 영양소를 기반으로 다시 식물이 활동을 시작할 것이다. 이처럼 아름다운 관계가 생기는 것이 그냥 우연이기만 한 것일까? 긴 세월 동안 자연이 익힌 지혜일까? 자연의 목적의식을 부정하는 분들에게는 그것이 바로 자연선택된 일시적인 현상일지언정 결과는 아름답다고 말하고 싶다.

관중의 삶에서 애절한 부모의 사랑을 본다. 쌈짓돈을 아껴서 미욱한 아들에게 무언가 남기시려는 부모님의 처절한 삶을 본다. 더 이상 벌이를 할 수 없는 가을엔 스스로 몸을 눕혀 낙엽을 포착하고, 그 낙엽으로 벌레들을 꼬여 들인다. 벌레는 낙엽을 삭이고, 삭인 낙엽에서 나오는 영양소는 당연히 이른 봄 어린 관중이 자라는 데 빠질 수 없는 자원이다. ● ● ●

암벽 위의 잡풀

1993년 4월 25일 일요일 서울대학교 문리대 산악회에서 인연을 맺은 강돈구와 이동훈, 서영배, 그리고 강태민과 함께 인수봉 설교길을 올랐다. 보기보다 어려운 길이었지만 오랜만에 감행한 암벽등반은 즐거웠다. 오르는 동안 봄꽃과 생태학적인 현상들을 사진에 담을 수 있었다. 무엇보다 산행은 연구실 주변에서 쌓이는 한 주일 동안의 피곤을 씻을 수 있어서 언제나 좋다.

▲ 서울의 북한산 인수봉 암벽에 걸린 떨기나무와 풀에 잡힌 낙엽.[21]

이날 설교길 등반에서는 문득 벼랑에 살아가는 작은 갈잎나무의 처절한 모습이 눈에 들어왔다. 그러나 거기에도 아름다운 협동으로 난관을 극복해 가는 길이 있었다. 갈잎나무 주변에는 거의 어김없이 잡풀들이 함께한다. 늦가을부터 초봄까지 산행에서는 낙엽들이 잡풀들에 잡혀 있는 상태를 볼 수 있다. 이 낙엽들 또한 잡풀이 없으면 날아가고 없으리라. 나는 이 잡풀들이 바위 위로 흘러내리는 빗물에 포함된 척박한 영양소를 흡수하는 과정을 여태껏 인식하지 못하고 있었다.

조금씩 자연에 대해서 눈떠 가는 내게 연구실이 있는 건물 주변도 관찰의 대상이 되었다. 가을이면 빨간 단풍잎은 우수수 떨어진

1, 2. 줄지어 심은 회양목에 잡히는 단풍나무 낙엽과 목련 아래서 낙엽을 보유하고 있는 철쭉.[21]

다. 그러나 다행히 화단 둘레를 따라 회양목을 줄지어 심어 두어서 가을과 겨울이면 낙엽이 갇혀 있는 형상이 연출된다. 목련 아래 심어 둔 철쭉들이 목련 잎을 잡아 두고 있는 모습도 눈에 띈다. 이것은 인위적으로 큰 나무와 작은 나무의 협동을 연출시킨 아름다운 풍경이다.

이왕이면 이러한 과정이 도회지의 녹지에서 많이 일어나게 하면 우리에게 돌아올 이득도 클 것이다. 먼저 낙엽이 녹지에 남아 있는 만큼 가을과 겨울에 청소부 아저씨가 쓸어서 만들어 놓을 폐기물은 줄어든다. 녹지에 남은 낙엽은 봄과 여름에 썩어서 토양으로 되돌아 간다. 썩는 낙엽이 공급하는 영양소는 수목의 생장에 공헌하며, 유기물 함량을 높여 토양을 푸석푸석하게 만든다—낙엽이 쌓여 생긴 부식토는 흔히 공사장에서 파헤쳐진 토양보다 색이 까맣고 입자도 가늘어 부드럽다. 푸석푸석한 유기질 토양의 입자들 사이엔 빈틈[22]이 더 많이 생긴다. 그 틈으로 바람(공기)이 날아들고 물이 스며든다. 그러기에 그 틈에서 풀과 나무뿌리, 흙 속에 사는 동물들 그리고 미생물이 살아가고, 살아 있는 효소가 제구실을 한다.

흙에서 일어나는 중요한 일들은 바로 그 틈에서 생긴다. 사람들은 흔히 흙을 고형의 덩어리로 보지만 그것은 틀린 말이다. 흙 알갱이는 틈을 만들기 위해 존재하는 것이다. 흙이 흙의 구실을 하는 것은 틈이 있기 때문이다. 일찍이 누군가(아마도 노자 『도덕경』에 나오는 이야기인 듯싶다)도 그렇게 말하지 않았는가? 그릇이 그릇일 수 있는 것은 담을 수 있는 빈 곳이 있기 때문이라고. 도공이 흙을 빚어 빈 곳을 만들매 그릇이 되고, 미생물과 식물의 뿌리가 자기 유기물을 나누어 흙 알갱이들을 적당히 얽고 틈을 키우매 살아 숨쉴 수 있는 흙이 된다.

아파트 사이사이
빈 틈으로
꽃샘 분다

아파트 속마다
사람 몸속에
꽃눈 튼다
갇힌 삶에도
봄 오는 것은
빈 틈 때문

사람은
틈

새 일은 늘
틈에서 벌어진다

———김지하, 「틈」, 시집 『중심의 괴로움』에서

▲ 낙엽을 걷어 내었을 때 토양은 쉽게 침식된다.[20]

흙 속에 틈이 생기는 만큼 빗물이 땅속으로 스며들기 쉽다. 땅속으로 들어가는 물이 많으니 너도나도 퍼마셔 고갈되고 있는 지하수를 충원한다. 땅속으로 들어가는 물이 많은 만큼 비가 오는 동안 늘어나는 지표 유출수의 양이 줄어들고, 큰 강으로 몰려드는 물의 양이 적어서 홍수 피해도 그만큼 줄어들게 된다. 이처럼 낙엽이 썩어 지표 유출수 양을 줄이는 것은 숲이 많으면 홍수 피해가 줄어드는 여러 가지 이유 중의 하나다.

숲 바닥에 쌓인 낙엽은 당연히 땅옷이 되어 흙이 빗물에 씻겨 가는 것을 줄인다. 특히 빗물에 씻겨 가는 흙은 가벼운 부식토인데 낙엽은 그것들을 보호한다.

이러한 생각들은 그저 눈에 띄는 관찰에서 비롯되었다. 이제 대학에서 연구를 하는 입장에서 작은 나무나 풀, 죽은 나뭇가지들이 비탈에서 낙엽 보유에 얼마만큼 이바지하는지가 궁금해진다. ●●●

다시 점봉산에서

한때 내가 살았던 서울대학교 교수아파트에서 연구실까지 보통 걸음으로 걸으면 20분가량 걸린다. 여름에 뜨거운 햇살이 걷는 것을 방해하고, 겨울에 눈길이 사람을 성가시게 하면 나는 걷기를 포기한다. 묘한 것은 가을이라도 바쁜 일로 차를 타고 연구실을 나오기 시작하면 그것이 타성이 되어 버린다. 1995년 9월 21일 가을 날씨가 되었건만 아직 여름의 타성이 붙어 있던 바쁜 출근을 드디어 깨고 오랜만에 걸어서 연구실에 나왔다.

걷는 것은 내게 밀린 생각들을 정리할 기회를 주어서 여러모로 좋건만 바쁜 삶은 걸음을 허용하지 않는 때가 많다. 한때 아침마다 관악산을 두 시간 남짓 오르며 생각을 정리하던 시간은 더 이상 계속되지 못한다. 아무튼 한동안 바쁜 움직임 일색에서 미루어지고 있던 착상들을 정리할 기회가 생겼다.

그날 아침 걷는 동안 한 가지 계획이 떠올랐다. 이왕지사 매달 점봉산을 다니며 관찰과 실험을 도모할진대 가벼운 마음으로— 다른 실험에 비해서 시간을 많이 요구하지 않을 것으로 예상했기 때문에 —조릿대와 관중, 그리고 떨어진 나뭇가지들이 그들 주변에 잡아둘 수 있는 낙엽의 양이 어느 정도 되는지 알 수 있는 실험을 해 보면 어떨까?

걸으면서 정리한 내 의문과 간략한 실험 방법을 점봉산을 함께 다니는 학생들과 의논했다. 조릿대와 관중, 죽어 떨어진 나뭇가지가 있는 연구지 비탈에 일정량의 색종이와 함께 색소를 뿌린 낙엽을 비치하고 시간이 지나는 동안 위치를 확인해 보기로 했다. 이 간단한 실험은 조릿대, 관중, 나뭇가지에 의해서 이동이 저지되는 낙엽의 양을 비교할 수 있도록 할 것이다. 동시에 이듬해 봄 그 지역의 일정 면적에 쌓여 있는 낙엽량을 비교하면 어떤 지역의 낙엽 보유량에 미치는 그들의 영향을 이해하는 데 도움이 되지 않을까?

숲에서 낙엽은 내가 그동안 가볍게 생각해 오던 것보다 중요한 의미를 가진다. 점봉산의 연구지에서 연간 1제곱미터 면적에 떨어지는 낙엽량은 300그램가량 된다. 이 낙엽의 에너지 양은 그램당 4.7킬로칼로리다. 에너지의 질을 고려해야 되겠지만 1.5제곱미터에서 생산되는 낙엽은 성인들이 하루에 필요한 열량에 해당한다. 뿐만 아니라 이러한 낙엽은 질소를 포함하는 주요 영양 원소를 포함하고 있다. 그리하여 숲 전체에서 생산되는 유기물은 많은 양이 낙엽의 형태로 변환되어 숲을 근거로 살아가는 생물들을 먹여 살린다.

표7 강원도 인제군 점봉산의 숲에서 채취한 신갈나무와 당단풍, 음나무 낙엽의 에너지(kcal/g)와 영양소 함량(%)

식물종	에너지	탄소	질소	황	칼륨	칼슘	마그네슘
신갈나무	4.4	47.4	0.88	0.37	0.18	0.90	0.08
당단풍	-	45.7	0.77	0.35	0.28	1.10	0.15
음나무	4.7	47.0	1.44	0.43	0.64	1.07	0.10

(자료: Yoo 등, 2001)

이러한 생각 아래 가볍게 시작한 실험과 함께 가을에 떨어지는 낙엽의 양을 조사하게 되었다. 이 자료는 이제 거의 10년 가까이 모여 점봉산에서 일차 생산성과 토양 호흡을 결정하는 주요인이 토양 수분 이용도라는 결론을 뒷받침하는 사료가 되고있다.[75] 아울러 땅에 떨어진 낙엽이 비바람에 이동하는 방향과 숲 바닥에서 낙엽이 분포하는 특성도 조사해 보았다. 신기하게도 많은 낙엽이 남사면에서 북사면으로 이동했다. 그 결과 남사면의 토양은 점점 메말라 가는 한편 북사면의 토양은 두터운 표토를 형성하며 비옥한 모습을 보였다.

점봉산에서 특히 가을부터 초봄까지 대비되는 모습을 보이는 남사면과 북사면[26]
1. 남사면 가을. 2. 북사면 가을.
3. 남사면 봄.   4. 북사면 봄.
남사면은 북사면에 비해 상대적으로 토양이 메말라 자라는 나무도 힘들어하는 모습이 완연하다.

우리는 이러한 생각을 모형으로 기술할 수 있는 방법을 강구하고 있었다. 때마침 임업연구원 신준환 박사의 초청으로 미국 메인 대학교 산림생태계학과 교수 더글러스 매과이어와 동행할 기회가 있었다.[27] 그런 자리에서는 자연스럽게 서로가 하는 연구에 대한 얘기가 오간다. 낙엽과 하층 식생의 관계에 대한 내 관심을 듣고, 그는 재미있는 발상이라며 호응을 해 주었다. 한국 방문을 마치고 돌아간 그는 연구에 활용될 수 있을 것이라며 컴퓨터 프로그램에 대한 자료를 보내왔다. 이것은 이미 환경과 관련된 학문 분야인 지질통계학에서 많이 사용하는 접근 방법이었다. 이 자료는 나중에 점봉산 유역에서 토양 온도와 태양 복사 에너지의 공간 분포를 기술하는 데 이용되었다.[28]

이런 과정을 통해서 학생들마저 시답잖게 바라보던 이 연구는 조금씩 구체화되어 가고 있다. 생태계에서 낙엽의 중요성은 생태학 분야에서 이미 확인되었다. 그러한 우리 연구실의 관심은 딱따구리를 연구한 학생이 가세하면서 죽은 나무의 중요성으로 확장되고 있다. 숲에서 낙엽과 죽은 나무는 일부 벌레와 새들이 살아가는 데 없어서는 안 될 자원이다.

숲 바닥의 낙엽 분포 유형을 기술하고 거기에 물의 흐름을 보태서 얼마나 많은 낙엽이 하천을 따라 흘러가는지 알아낼 수 있을까? 그 낙엽을 기반으로 어느 정도의 물벌레가 살아가고, 또 그 물벌레를 먹이로 삼아 어느 만큼의 물고기가 생산되는 것일까? 농경지를 근거로 살아가는 쥐 등의 귀찮은 동물들이 물벌레를 먹음으로써 하류 주변의 농작물을 덜 먹어도 되는 것일까? 아니면 낙엽을 기반으로 작은 동물들이 창궐하여 농작물 훼손을 유발하는 방향으로 작용하는 것일까? 내 상상은 이렇게 작은 일들에 매여 가고 있다.

좀 더 크게 보아서 점봉산 자연 보전 지구에서 1년 동안 광합성으로 생산되는 총 일차 생산량은 어느 정도이며, 그중 어느 정도가 잎에 축적되고, 낙엽이 되며, 낙엽은 어느 정도의 야생 동물들을 먹여 살릴 수 있고, 또한 어느 정도의 낙엽이 물에 사는 동물의 먹이로 되는 것일까? ● ● ●

▼ 물벌레에 먹힌 정도에 따른 낙엽의 모습.[20]

따로 보기 12

눈 속에서 움튼 꽃봉오리

점봉산에 갈 때면 우리는 보통 아침 일찍 서울을 떠난다. 출근길이 막히기 전에 복잡한 도회 길을 벗어나야 시간을 절약할 수 있기 때문이다. 10년 전에 비해 지금은 서울에서 홍천까지 가는 길도 많이 좋아졌고, 또 홍천에서 점봉산 입구까지 가는 길도 좋아졌다. 아침 6시에 서울을 떠나면 예전에는 홍천을 지나 구성포에서 늦은 아침 식사를 하고, 점봉산 강선리에서 늦은 점심을 먹었다. 그런 일정을 밟으면 대략 오후 3시 무렵에 점봉산 연구지에 도착하곤 했다. 그때쯤 바람은 산기슭으로부터 마루를 향해서 분다. 가을부터 초겨울까지는 떨어진 낙엽이 바람을 타고 산을 오르는 광경을 쉽게 볼 수 있다. 그렇게 산을 거슬러 오르는 많은 낙엽은 어김없이 남사면에서 북사면으로 넘어가 쌓인다 — 이런 독특한 현상은 아마도 점봉산 지형과도 관계가 있을 것이다. 그런 까닭에 초겨울 남사면의 조릿대가 없는 곳은 낙엽이 아예 없는데 북사면에는 눈이 내리기 전에 이미 수북하게 쌓인다. 그 낙엽은 깊은 눈 아래서 겨울잠을 잔다.

이와 비슷한 이치 때문에 남사면에는 눈이 없지만 북사면에서는 3월 말(어떤 경우에는 4월 말)까지 깊게 눈이 쌓인다. 그곳에서는 겨울 내내 하늘과 남사면으로부터 날아온 눈이 쌓인다. 햇살마저 닿지 않으니 눈은 깊게 오래 남아 있는다. 햇살이 따스해지는 봄이면 눈은 일시에 녹아내린다.

겨울에도 햇빛이 오래 닿는 남사면은 딱딱하게 얼어도 두터운 눈 이불을 덮은 북사면의 땅은 얼지 않는다. 그 눈 이불 아래에서는 무슨 일이 일어나고 있는지 궁금하다. 그곳에 어떤 생물들이

◀◀ 점봉산 북사면의 깊게 쌓인 눈과 적설 아래에서 꽃봉오리를 맺은 한계령풀.[30]

겨울을 나고, 그리고 낙엽은 그들에게 무엇이며, 또 어떤 변화를 겪는 것일까?

이렇게 나의 점봉산 연구는 남·북사면에서 확연하게 차이가 나는 낙엽과 눈의 축적량이 도대체 그 땅에 무슨 조화를 부리고 있는지 알고 싶어 시작되었다.

어느 해 3월 중순, 실험을 위해 1미터가 넘게 쌓인 북사면의 눈을 파 보았다. 눈 아래 놓여 있는 땅의 부식토는 알맞게 썩어 보드라웠다. 그래서 땅을 파는 일도 힘들지 않았다. 1미터가 넘는 눈을 헤치고 그곳에서 나는 흥미로운 모습을 보았다. 그 어두운 곳에서 한계령풀은 이미 노란 꽃봉오리를 맺어 놓고 있었다. 그들은 두터운 눈 밑에서 봄이 오는 소리를 어떻게 들었을까? 계절의 변화를 어떻게 알아차린 것일까? 몸속에 생물 시계를 가진 것일까? 미약한 봄의 온도 변화를 감지하는 기관을 가진 것일까? 눈 속으로 들어오는 봄 햇살을 느낀 것일까? 그렇게 한계령풀은 신기한 식물이다.

세월이 흘러도 풀려 가는 의문보다 쌓여 가는 의문이 이렇게 더 많아지고 있다. 더구나 그곳에 아름다움이 있어 내 발길을 그치지 못한다. 늘어난 의문만 간직한 채 아름다움을 즐기며 그렇게 10년 세월을 보냈다. 土

죽은 나무가 하는 일

지금은 미국 몬태나 대학교에서 인공위성 자료와 모형을 이용하여 광범위한 지역을 대상으로 연구를 하고 있는 강신규 박사를 따라 경기도 광주군에 있는 무갑산을 간 적이 있다. 그는 처음에 석사 학위 논문 주제로 유역의 토지 이용과 하천의 수질 관계를 정량화하는 모형을 구상했다. 물은 땅에서 시작되니 땅의 자연적인 모습과 인간이 바꾸어 놓는 토지 이용에 따라 그 양과 질도 달라질 것은 자명하다. 그는 그러한 인과 관계를 정량적으로 표현하고 싶었던 것이다. 그리하여 생각을 구체적으로 표현해 볼 대상으로 여기저기 마땅한 곳을 찾아가며 저울질하고 있었다. 무갑리 유역도 그런 고려 대상 중의 하나였다.

때는 1994년 1월 27일이라 겨울이 한창이었다. 강신규 박사의 차로 오전 9시 30분에 서울대학교를 출발하여 11시에 경기도 광주군 무갑리 건국대학교 연습림 관리소 앞에 도착했다. 마을 초입부터 축산 단지가 형성되어 있어서 농촌 소유역의 물질 입출력을 고려한 수질 모형과 현장 연구를 해볼 만하다는 생각이 들었다.

그건 그렇다 치더라도 그날의 목적은 두 사람이 공동으로 좋아하는 겨울 산행이었다. 연습림 부지를 마주하고 무갑산 정상을 향해 눈 쌓인 비탈길을 오르는 산행을 시작했다. 길은 비교적 가팔라 미끄러지기도 하며 바쁠 것도 없어 사진을 찍으며 느릿느릿 올라갔다. 그런데 느린 걸음 탓인지 새로운 모습이 눈에 들어왔다. 눈에 쌓인 비탈에서 죽은 나뭇가지들의 역할이 분명하게 드러나고 있었다.

떨어진 나뭇가지는 경사지 곳곳에서 낙엽의 흐름을 저지하는 작은 댐을 만든다. 이러한 모습은 물이 항상 흐르고 있는 작은 개천에서 더욱 뚜렷하게 나타난다. 쌓이는 나뭇가지와 낙엽을 기반으로 생기는 생태적인 특성이 하천에서 중요한 의미를 가지기 때문에 흔히 이것을 유기 쇄설물 댐(debris dam)이라 부른다. 그렇게 축적된 나뭇가지와 낙엽은 생물의 서식처가 될 뿐 아니라 먹이도 된다. 더구나 이들은 독특한 성분을 기반으로 강물에 녹아 떠내려가는 영양소를 긁어모을 수 있다.

바람이 심한 비탈에서 삶을 꾸려 가는 나무들의 입장에서 보면 끊임없는 낙엽 유실로 토양이 척박해지는 문제는 분명히 골칫거리다. 점봉산에서도 죽은 나무와 그 주변에 쌓이는 낙엽이 한바탕 어우러짐으로 난국을 대처하고 있다.

그 이후 죽어 넘어진 나무가 낙엽의 흐름을 막고 있는 모습은 여

1. 떨어진 나뭇가지가 작은 댐을 이루어 낙엽의 이동을 막고 있는 모습. 왼쪽 아래 눈이 쌓이지 않은 곳은 나뭇가지에 걸려 쌓인 낙엽 깊이를 나타낸다.
2. 죽어 쓰러진 통나무 부근에 쌓이는 낙엽의 양은 더욱 분명하게 보인다.[31]

러 곳에서 관찰되었다. 특히 산골의 작은 개천에서는 나뭇가지가 걸리면서 더 많은 낙엽을 잡는다. 이러한 곳은 낙엽을 먹고 사는 물벌레들의 천국이 된다.

불가(佛家)에서 썩어 가는 나무를 땔감으로 사용하는 것은 금기라고 한다. 두레생태연구소 김재일 소장은 한때 승려 생활을 하셨다. 어느 날 썩은 나무를 해 온 행자에게 큰스님은 이렇게 말씀하셨단다. "이놈아 지옥 불이 따로 있냐, 여기가 지옥 불이지." 나뭇등걸 안에 살아가는 생명들에게 분명히 아궁이 불은 지옥 불이다. 옛 스님들은 썩어 가는 나무에 무수한 생명들이 도사리고 있다는 사실을 아신 것이다.

새 천년이 시작된 다음 천연보호림 점봉산은 국립공원에 포함될 것이라는 소문이 돌았다. 유네스코가 이미 인간과 생물권 핵심 보전 지구로 지정을 했으니 당연할지도 모른다. 그러나 그 무성한 소문은 점봉산 계곡 강선리 안으로 여러 채의 새집을 불러들이는 자극 요소가 되었다. 10가구 이상이 되어야 집단 거주지로 인정해 주는 현행법을 준수하기 위해 주민들이 그렇게 하는 데 서둘렀다고 들었다. 그리하여 전기도 들어오고 주민들의 생활이 편리해진 만큼 결국 대형 별장도 들어섰다. 오지로 불리던 산골은 시끄러워져 간다.

이 늘어난 사람들이 좁은 계곡 안에서 맑은 물과 공기를 즐기며 멋을 부린답시고 온돌을 만들고 벽난로를 설치할까 두렵다. 그곳을 데울 땔감은 어디서 가져올 것인지? 점봉산의 뭇 생명들이 아궁이로 들어갈 날이 걱정이다. 죽은 나무에 구멍을 뚫고 살아가는 딱따구리도 거처를 잃을까 걱정이다. '늙어 말라죽은 나무' 라는 뜻으로 이름 붙여진 고사목(枯死木)을 대상으로 시작하는 우리의 새로운 연구가 생명을 보호하는 근거가 되길 희망한다.

1~4. 나이 들어 죽은 나무들.
◀ 하천의 유기 쇄설물 댐.

미생물의 식생활도 균형이 필요하다

우리가 조잡한 음식을 주로 먹는 경우 영양소의 균형이 맞지 않아 건강에 문제가 생긴다. 이런 경우 흔히 결핍된 영양소가 풍부한 음식물을 먹거나 약국에서 비타민 등을 구입하여 복용함으로써 대사 활동에 적당한 균형을 이룬다. 미생물의 경우도 마찬가지다.

세균이나 곰팡이, 또는 작은 동물의 입장에서 보면 죽은 나무의 목질부는 감미로운 수액이나 낙엽과는 질이 다른 먹이 자원이다. 나뭇가지는 미생물이 살아가는 데 필수적인 질소나 인에 비해서 유기 탄소의 함량이 높다. 따라서 대사 활동이 요구하는 영양소 균형이 맞지 않은 나뭇가지에 기반을 두고 있는 미생물은 주변에서 부족한 성분을 끌어와야 한다. 이 경우 토양수나 빗물에 녹아 있는 영양소를 왕성하게 섭취하여 부족한 부분을 보충함으로써 미생물들은 생존 전략을 구축한다.

이처럼 미생물은 죽은 나무에서 유기 탄소를 취하고 주변을 지나는 빗물에 포함된 영양소들을 흡수하여 영양소 균형을 맞춘다. 결과적으로 죽은 나뭇가지는 낙엽을 쌓는 데 역할을 할 뿐만 아니라 모여드는 미생물의 영양소 흡수를 도와 땅이 영양소를 보유하는 작용에 공헌한다. 육지에서 영양소 유실이 감소되면 주변 수계로 들어가는 영양소 양이 적을 것이니 수자원의 부영양화를 방지하는 데에도 기여하게 된다. 언젠가 이런 기작까지 포함하여 유역의 영양소 유실을 계산하는 컴퓨터 모형을 만들 수 있기를 기대해 본다. ●●●

미물인들 하는 일이 없으랴

나는 1987년 1월부터 정확히 2년 2개월 동안 미국 조지아 대학교 생태학연구소에서 박사 후 연구원 생활을 했다. 점심시간에 함께 모여 식사를 하는 동안 누군가 다녀온 외국 여행을 슬라이드로 소개하는 시간도 그들에게는 유익한 정보 통로였다. 연구소 안에 전자레인지와 가스레인지가 비치되어 있는 간단한 부엌은 점심시간에 연구소 근무자들을 그곳으로 이끌었고, 그 장소는 바로 부담스럽지 않은 정보 교환의 기회를 제공하고 있었다.

1991년 초 한국과학재단의 지원으로 한 달 반가량 스웨덴의 작은 도시 우메오에 머무는 동안에도 비슷한 모습을 보았다. 8시에 출근하는 교수와 직원, 대학원생들은 오전 9시와 오후 3시면 연구소의 간이 부엌에 모여 30분가량 커피를 마시며 얘기들을 나누었다. 물론 점심시간에도 간단한 조리를 할 수 있게 되어 있는 그 부엌은 사람들을 끌어들여 편안한 정보 교환의 장이 되었다. 교수와 행정 직원, 학생을 포함하여 아래위 격의 없는 만남으로 아이디어와 애로 사항의 교환을 돕는 그런 공간의 중요성을 왜 일찍 몰랐을까?

이들에게 부엌은 원활한 정보 소통을 위한 공간이다. 그곳에서 이루어지는 부담 없는 만남을 통해서 교수와 대학원생, 직원들은 생각을 교환하고 협조의 길을 넓혀 연구의 질을 높인다. 왜 우리 대학에서는 그런 분위기를 아끼는 것일까?

내 많은 생각들은 조지아 대학교의 연구원 생활 동안 정리되었다. 미국의 대학들이 대체로 그러하지만 하도 세미나가 많아서 관심을 두고 보면 세미나만 찾아다녀도 시간이 모자랄 지경이었다.

어느 날인가 해양 미생물의 먹이그물이라는 개념 제시로 생태학계에 꽤 널리 알려진 로렌스 포메로이(Lawrence R. Pomeroy) 교수가 지도하는 인도 학생 뽀삐의 박사 학위 논문 발표가 있었다. 해양은 내 학문 분야와 거리가 멀지만 전체적으로 새로운 것을 들어 보는 그곳 분위기에 휩싸여 그날의 발표에도 참여했다. 그때 들은 내용들을 지금은 대부분 잊었지만 한 가지 잊지 못할 착상을 얻기도 했다.

논문의 주제는 해양 미생물의 기능에 관한 것이었다. 해양 미생물이 끈적끈적한 물질들을 분비하여 떠돌아다니는 입자를 뭉치게 하는데 그 이유를 묻는 데서 연구는 시작하고 있었다. 미생물의 입장에서 보면 물질의 외부 분비가 막대한 에너지를 요구하기 때문에 자기에게 돌아오는 이득이 없으면 그 과정을 계속할 필요가 없다. 쓸데없이 에너지를 낭비하면 자연선택의 손길이 닿지 않는다. 그런데도 그런 체계들이 선택되어 지금도 연출되는 것은 무언가 미생물 자신에게 되돌아가는 편익이 있기 때문이 아닐까? 이에 대해 뽀삐가 찾아낸 해답은 미생물들이 떠돌아다니는 물질들을 포착하여 입자 뭉치를 만들어 자원 이용 효율을 높일 수 있다는 것이었다.

그 당시 나는 영양소 순환과 토양 미생물의 관계를 규명해 보고자 노력하고 있었다. 그리고 때마침 세균과 곰팡이의 역할을 나누어 보기 위해서 토양 배양 실험을 하고 있는 중이었다. 내 뇌리에는 그 학생의 발견이 문득 토양에도 적용되지 않을까 하는 생각이 파고들었다. 토양에서 모래와 미사, 점토 같은 알갱이는 뭉쳐서 떼알을 형성하는 경향이 있다. 흙 알갱이 묶음[31]을 만드는 과정에 미생물의 분비물은 작은 흙 낱알을 뭉치는 데 빠질 수 없는 접착제가 된다. 묶음이 만들어지면 그 안에 만들어지는 작은 틈으로 젖어들은 물과 영양소들은 잘 빠져나가지 않을 것이라는 생각을 해보았다. 그렇게 해서 "흙 알갱이를 뭉치는 과정은 물과 영양소의 보유량을 높이는 한 가지 작용이다."라는 가설을 설정했다. 따지고 보면 그날 발표자의 가설을 해양에서 토양으로 옮겨 온 일종의 전용이니 내 공헌은 아무것도 없다.

아무튼 이 착상을 기반으로 토양 배양에서 흙 알갱이 묶음과 토양의 물 보유력에 대한 가설을 검정할 기회를 가졌다. 영양소 부분은 여건이 허용하지 않아 나중에 발표한 글의 한 귀퉁이에 가설로서 처리하고 말았다.

귀국한 지 2년 정도 지나 조지아 대학교 생태학연구소에서 보내온 소식지에는 내 눈을 크게 뜨게 하는 내용이 있었다. 토양생태학 그룹에서 미국과학재단(NSF)으로부터 대규모의 지원을 받았으며, 그 연구가 기반을 두고 있는 가설은 "흙 알갱이 묶음은 땅의 영양소 보유력을 높인다."였다.

내가 그 가설을 처음 제안했던 발표 자리에서 눈을 반짝이던 사람의 모습이 눈에 선하다. 바로 그 사람이 대형 연구 과제의 연구 책임자였던 것이다. 재주는 곰이 부리고 돈은 중국 사람이 번다는 격이 아닌가? 속상했지만 한편으로 생각해 보면 그럴 이유도 없다. 어차피 그 착상은 다른 사람의 발표에서 왔고, 가설 검정을 구체화할 수 있는 능력은 나와 동떨어져 있었다. 광석을 채굴하는 사람뿐만 아니라 채굴된 광석을 가공하는 사람도 있어야 보석이 가치를 발휘하는 것이다.

　미생물들은 특히 체적에 비해서 표면적이 넓기 때문에 흘러가는 물속의 영양소를 흡수하는 속도가 식물의 뿌리보다 훨씬 빠르다. 그래서 특히 숲 훼손으로 식물이 기능을 잃을 때는 일시적으로 왕성한 미생물의 흡수 활동이 영양소 유실을 방지한다. 이때 미생물의 활동 기반이 되는 에너지원은 낙엽과 떨어진 나뭇가지, 남아 있는 나뭇등걸과 뿌리다. 세월이 흘러 새로운 식물이 나타나면 미생물은 보유하고 있던 많은 양의 영양소들을 나누어 준다. 사실 이 나눔은 미생물 입장에서 보면 투자다. 자기 스스로 유기물이라는 이자를 창출하지 못하니 식물로 하여금 대신 사업을 하도록 돕는 셈이다. 그러기에 식물은 자기와 짝을 이룰 수 있는 미생물과 긴밀한 관계를 이루며 다른 식물과 경쟁해야 한다는 지혜를 익혔다.[35] 이것이 자연의 섭리다. 그런데도 사람은 식물의 지혜를 제대로 배우지 못하고 있는 듯하다.

　우리 눈에 보이지 않거나 작고 게을러 보인다고 해서 홀대해서는 곤란하다. '버러지 같은 놈'이라는 말도 따지고 보면 뭘 모르는 사람들이나 할 수 있는 이야기다. 그것은 옆길로 돌아오는 혜택을 제대로 이해하지 못하는 짧은 생각 때문이다. 동시대에 존재하는 사물은 긴 공진화의 역사 끝에 맺어진 인연의 결과이다. 이 땅엔 다만 가까운 것을 먼저 선택하는 우선순위만 있을 뿐 무시되어도 좋은 것은 없다. 진정한 우선순위가 무엇인지 깨우쳐 가는 과정이 우리의 공부다. 아니면 우선순위란 어리석은 인간의 잣대에나 올라 있을 뿐 그런 것은 정녕 없다는 사실을 아는 것이 공부로 이룰 마지막 깨우침일지도 모른다. ● ● ●

따로 보기 13
육상 생태계와 수중 생태계

육상 생태계와 수중 생태계에 생태 원리가 공통으로 운용되기는 하지만 기본적인 차이가 있다. 이를테면 광합성을 하는 식물은 육상에서 고착되어 있고 크기가 크며 상대적으로 수명이 긴 반면에, 수중에서는 일부 대형 조류를 제외하고 고착되어 있지 않아 떠돌아다니는 경향이 있으며 크기도 매우 작고 수명이 짧다.[36]

이러한 차이는 육상과 수중의 물리적인 환경 차이에서 유래된 것으로 이해된다. 육상에서는 공기가 물처럼 식물을 지탱하는 힘을 제공하지 않기에 식물 스스로 목질부를 생산해야 하는 반면, 물은 높은 부력으로 식물체를 받쳐 주는 조직을 무의미하게 하며 오히려 요동이 일어날 때 큰 식물체를 훼손시키기도 한다. 이러한 차이는 긴 진화의 역사를 통해서 두 환경이 선택해 가는 과정에 나타나고 있는 단면이다.

생물체의 몸집이 크면 클수록 상대적으로 부피에 대한 표면적의 비(표면적:부피)는 작아진다. 생물체가 외부와 반응하는 통로는 표면에서 일어나기 때문에 환경 또는 다른 생물과의 정보교환은 표면적이 클수록 커진다.

하지만 부피가 늘어나면 외부와 교류가 적어지는 반면에 자신의 고유한 기질을 보유하는 경향은 증대한다. 따라서 부피에 대한 표면적의 비가 작다는 것은 상대적으로 닫힌계가 된다는 사실을 나타내며 이것은 내부에 포함된 물질과 정보를 보유하는 데 유리한 조건을 갖추게 된다는 것을 뜻한다.

이런 점을 고려하면 육상에서 식물은 광합성의 수행과 함께 육상의 물질 보유 메커니즘에 중요한 수단이 된다. 반면에 수중의 플랑크톤은 크기가 작아 열린계로서 물질의 흡수와 방출이 상대적으로 빨라서, 단위 무게당 광합성 속도는 육상 식물보다 훨씬 빠르지만 작은 크기 때문에 물질 보유체로서 기능은 그다지 높지 않다.

따라서 물의 부력으로 큰 몸집을 지탱할 수 있는 수중 동물들이 상대적으로 큰 물질 보유 메커니즘을 담당하게 된다는 사실을 유추할 수 있다. 육상에서는 식물과 낙엽을 포함하는 토양 유기물이 상대적으로 큰 생물량[37]을 차지하지만 바다에서는 동물이 큰 비중을 차지한다 (표 8 참조).

이러한 사실은 어디까지나 상대적이기는 하지만 육상 생태계에서는 식물이 광합성을 위한 살림살이를 대부분 꾸려 가는 반면에, 수중 생태계에서는 광합성의 직접적인 과정은 플랑크톤이 맡고, 간접 기간산업인 영양소 보유는 동

표 8 육상 및 수중 생태계 생산성의 비교

	표면적 ($10^6 km^2$)	대략 부피* ($10^6 km^3$)	순 일차 생산량 (10^9톤/년)	동물 생산 (10^6톤/년)
육상	145	14.5	110.5	867
수중	365	1445	59.5	3067
비	1:2.5	1:99	1:0.54	1:3.54

* 육상 서식지의 평균 깊이 100m로 가정하고 평균 수심 4000m를 기준으로 추정했다.

(자료: Whittaker, 1975)

▶ 땅과 물은 거기에 작용하는 물리적 차이뿐만 아니라 생태적 과정의 차이를 가진다.

물이 맡는 역할 분담이 진행되어 공생 관계를 유지하고 있음을 시사한다.

한편 식물과 토양 유기물은 영양소에 대한 탄소의 비가 높은 반면에 동물의 몸은 영양소에 대한 탄소의 비가 낮다. 이는 육상에서 식물체가 탄소 보유고라면 동물과 미생물은 영양소 보유에 상대적으로 큰 공헌을 한다는 사실을 의미한다.

나아가 순 일차 생산량 중에서 동물 생산으로 전환되는 비를 보면 육상에서는 0.8퍼센트이며 바다에서는 5.2퍼센트가 된다. 이는 육지와 비교하면 전체 생물량 중에서 탄소를 제외한 영양소의 비중이 바다에서 상대적으로 크다는 사실을 의미한다.

이러한 현상은 세 가지 대립 가설로 설명해 볼 수 있다. 가설 1은 두 생태계에 나타나는 생물체의 탄소/영양소 비와 동물의 동화율의 차이는 단지 바다와 육지의 물리적인 차이가 초래한 상황이며, 영양소는 선택 작용에 기여하지 못했다고 보는 것이다. 가설 2는 주변 환경에서 공급되는 원소들에 비례하여 생물체의 구성비가 조성될 가능성이 크다고 가정하여 육지보다 바다의 영양소 공급이 원활하다고 보는 유추이다.

한편 더 귀한 자원을 보유하는 능력이 뛰어난 생물계가 선택될 가능성이 크다고 가정하면, 육상에서는 에너지를 담는 탄소 보유가 생물 활동에 주요 인자인 반면에, 바다에서는 영양소 보유가 생물 활동에 더 큰 제약 인자일지도 모른다는 가설 3을 유추할 수 있다.

아직 이 가설들을 뒷받침하는 자료는 찾아내지 못하고 있지만 육상 생태계에서 영양소를 간수하는 능력이 발달하면 할수록 바다의 생산성은 영양소에 의해서 제한될 가능성이 커진다.

어쩌면 인간의 교란이 없었던 오랜 옛날에는 땅의 영양소 보유 능력이 충분히 발휘되었을 것이다. 그리하여 더 많은 영양소들이 육상 생물체에 축적되어 바다의 영양소 결핍 현상은 오늘날보다 심각했는지 모른다.

하지만 오늘날 땅이 영양소를 잘 간수하는 능력은 인간의 간섭으로 무너지고 있다. 그리하여 바닷물을 부영양화시키고 있으니 땅과 바다의 긴 역할 분담에는 금이 가고 있는 꼴이다. 그리하여 우리는 거의 매년 '바다의 적조 현상'이라는 말을 신문에서 읽는다.

주(註)

제1부

1) 이 상상은 구약성서 창세기의 바벨탑 이야기가 시사하는 교훈과 맥을 같이하고 있다. 나름대로 혼자서 끌어낸 상상이었는데 나중에 어디선가 비슷한 내용을 본 적도 있는 것으로 기억한다.
2) 설명에 비유를 사용하고자 노력하는 나로서는 이에 대해 나름대로 답변을 준비할 필요가 있다. "비유나 유추의 본질은 모든 분석적, 비판적 사고의 연장이자 확대인 것이다. 비유가 없다면 문학은 불모지로 변하고, 과학과 철학은 거의 존재할 수 없으며, 역사는 단순한 사건의 연대기로 축소되고 말 것이다"(조지 바살라 1996). 이 글을 거의 다 마칠 때쯤에서야 찾아낸 이 글귀가 나의 답변을 대신해 줄까? 신의 의도를 추론하기 위해 사물들 사이의 유사성을 비교하지는 않지만(프랑수아 자콥 1994, 44쪽) 적어도 비유와 은유를 통해 연장되는 사유를 즐길 수 있다. 그러나 비유란 대상의 동일성을 살피는 것으로, 이 과정에 발생하는 추상화를 통해 각각이 지닌 고유한 차별성을 감춤으로써 현실을 은폐하거나 정보를 잃는 속성을 가지고 있다(김상욱 1998, 23쪽). 은유는 미래를 향한 전망을 끌어내는 원천이며, 생태학과 그것을 응용한 환경 설계가 긴밀한 관계를 가질 수 있는 미래를 그리는 데 필수적인 요소라고 보는 사람도 있다(Corner 1997).
3) 소나무와 참나무의 비유는 뒤에 나올 '땅거죽의 상처'에서 그 뜻을 짐작할 수 있다.
4) 자신의 생각을 '지구 생태계(global ecosystem)'라는 과학적인 용어가 아닌 '가이아(Gaia)'라는 신화적 단어로 표현한 영국의 대기과학자 러브록(James A. Lovelock)의 태도와 또 그의 시골살이를 나는 개인적으로 흠모하지만, 바로 그런 자세 때문에 제도권 과학자들의 비난을 받을 수밖에 없다고 생각한다.
5) '게재불가(揭載不可)'라는 말은 일반 독자에게 좀 생소할지도 모른다. 이것은 학술지에 논문을 투고했을 때 심사자가 논문집에 싣기에는 자격이 충분하지 않다

는 판정을 내릴 때 쓰는 단어이다. 이제 '실을 수 없소'라는 말로 바꾸는 것이 좋을 듯한데 여전히 전문 집단에서는 통용되고 있다.

6) Odum(1971).

7) 이도원 등(2001).

8) 2001년 8월 8일 성균관대학교 김정하 교수 찍음.

9) 【生態】① 顯露美好的姿態. 南朝梁簡文帝 〈箏賦〉: "丹莢成葉, 翠陰如黛. 佳人採掇, 動容生態"〈東周列國志〉第十七回: "[息嬀]目如秋水, 臉似桃花, 長短適中, 擧動生態, 目中未見其二." ② 生動的意態. 唐杜甫〈曉發公安〉詩: "隣雞野哭如昨日, 物色生態能幾時." 明劉基〈解語花·詠柳〉詞: "依依旎旎, 嫋嫋娟娟, 生態眞無比." ③ 生物的生理特性和生活習性. 秦牧〈藝海拾貝·蝦趣〉: "我曾經把一只蝦養活了一个多月, 觀察過蝦的生態."

10) 허균과 이갑철(2002)에서 인용.

11) 권지예 등(2002).

12) 최순우(2002).

13) 이도원 등(2001).

14) 울릉도 저동에서 2000년 2월 11일 찍음.

15) 『서울대학교동창회보』 제211호(1995년 10월 1일)

16) 지표 유출수(surface runoff)란 비가 오는 동안 수목이나 거친 표면에 차단(interception) 또는 보유(retention)되거나 대기로 증발산(transpiration)되고 토양으로 침투(infiltration)되고도 남아서 땅 위로 흐르는 빗물을 말한다. 흔히 비가 오는 날 볼 수 있듯이 일시적으로 지표면 위로 흐르는 물이다.

17) 1981년 1월 서울문리대산악회원으로 남미 최고봉 아콩카과 등반대에 참여했을 때 나는 서울대학교 환경대학원 석사 과정 학생이었다. 그 당시 캠프에 혼자 남는 시간이면 귀국하여 준비해야 하는 학위 논문의 주제가 나를 끊임없이 괴롭혔다.

18) 돌망태는 꽁꽁 얼어붙은 무논에서 얼음지치기를 즐기며 어린 시절을 보낸 우리에게 좋은 표적이었다. 철사가 귀하던 시절 그 일부를 잘라 썰매를 만들곤 했기 때문이다. 내 기억에 돌망태는, 큰비가 내리면 강가의 논밭이 심심찮게 떠내려가던 1960년대 초에 꾸불꾸불한 물길을 직선으로 만드는 토목 공사와 함께 우리 하천 주변의 농경지를 보호한답시고 널리 퍼지기 시작했다. 철사 줄로 망태 형태의 그물을 만들고 거기에 돌멩이들을 가득 집어넣어 강가를 따라 늘어세워 둑이 쓸려 나가지 못하게 하는 데 한몫을 했다. 그렇게 해서 하천 바닥이 더 많은 물살을 받아 굵기가 작은 자갈들까지 쓸려 나가는 문제는 돌아볼 여유가 없었다. 돌망태는 콘크리트와 달리 빈틈이 있기는 하지만 아무래도 강성의 물질로

이루어져 있어 식물의 씨앗이 땅과 인연을 맺기 어렵게 한다. 특히 하천 바닥까지 돌망태가 점령하면 물고기가 비늘을 다쳐 상류로 거슬러 올라가는 데 어려움을 겪는다고 한다(《중앙일보》 2002년 11월 15일자, 30면, '맑았던 우이천 죽어간다').

19) 이도원(1982). 어색한 문맥은 고쳐서 인용한다.
20) 1981년 1월 최중기 찍음.
21) 경기도 광주군 실촌면 곤지암리 광주상업고등학교 하수구. 1982년 5월 찍음.
22) '밀가리'는 내 고향 사람들이 쓰는 사투리다. 그 무렵 배고픈 시골 사람들에게 제방 쌓기나 도로 공사와 같은 일을 시키고, 그에 대한 보수로는 아마도 미국에서 구호물자로 들어왔으리라 짐작되는 밀가루를 많이 배급했다.
23) 경기도 광주군 도척면 궁평리. 지금 노곡천과 중부고속도로가 만나는 지점의 약간 하류 지역에서 1982년 5월에 찍음.
24) 강원도 홍천군 서석면 수하리에서 2002년 9월 29일 찍음.
25) '백두대간'이라는 말은 이제 상당히 일상화되었다. 백두대간의 의미는 제4부의 '우리 땅 줄기'에서 소개한다.
26) 2000년 6월 4일 찍음.
27) 미국 옐로스톤 공원 타워 폭포 진입로에서 1994년 8월 3일 찍음. 영어로 된 안내 팻말은 2002년 7월 27일 찍음.
28) 앨 고어(1994).
29) 강원도 원주시 문막읍 송월리에서 2002년 10월 17일 찍음.
30) 강원도 홍천군 화촌면 구성포리에서 2002년 10월 19일 찍음.
31) 최영준(1997, 86쪽).
32) 강이 구비구비 흐르는 곳이라 '구성'이라는 말이 나왔다는 이도 있다.
33) 예전에는 경북 경주시 강동면 양동마을에도 형산강 뱃길을 따라 동구 밖까지 동해의 해산물들이 운송되어 왔는데, 그래서 지금도 이 마을에는 해물을 쓰는 전통 요리가 전해져 온다고 한다. 하지만 지금은 유량도 적고 강바닥이 솟아 있어 배를 운행하기 어렵다. 경북 성주군 월항면 대산리에 있는 성산 이씨(星山 李氏) 집성촌인 한개마을은 큰 나루라는 뜻에서 이름이 유래되었다고 하며, 대포(大浦)라고 부르기도 하는데 이곳 또한 옛날에는 낙동강을 따라 소금배가 들어왔다고 한다. 그러나 지금은 구성포의 홍천강에 비해서 물길의 규모가 훨씬 적어 그 사실을 상상하기 어려울 정도다.
34) 이판암 채석장 땅속 깊숙이에는 황철석과 같은 황화광물이 다량으로 포함되어 있다. 채석 행위로 황철광이 공기와 물에 노출되면 다음과 같은 반응으로 황산이 생성된다.

$$2FeS_2 + 7O_2 + 2H_2O \rightarrow 2FeSO_4 + 2H_2SO_4$$

이 결과 생성된 황산은 자연수의 산도를 높여 흔히 pH3~4의 강한 산성수가 된다. 비가 올 때 이 지역에서 흘러나오는 산성 광산 배수는 채석장 폐기물이나 폐석 더미에 포함된 중금속을 용해시켜 금속 함유량이 높은 물이 된다. 산성 광산 배수가 중화되면 과포화 상태가 되어 산화철이 바닥에 침전되면서 벌건 경관을 자아낸다.

35) 충북 보은군 내북면 이원리에서 1992년 11월 22일(조도순)과 1990년 8월 찍음.
36) 처음 이 글을 쓰면서 닐스 엘드리지(Niles Eldredge)의 책 『Dominion』(1995)에서 '문화 선택(cultural selection)'이라는 용어가 사용되고 있음을 알았다. 그보다 더 늦게 접하게 된 리처드 도킨스(Richard Dawkins)의 『The Selfish Gene』(1976)에서는 '확장된 표현형(extended phenotype)'과 '밈(meme)'이라는 개념으로 문화 선택의 길을 설명하고 있다. 도킨스가 나중에 개정한 책은 홍영남 교수가 『이기적 유전자』라는 제목으로 옮겼으며, 한명수가 옮긴 『이기적인 유전자란 무엇인가』(1991)라는 일본인 학자의 책에서도 도킨스의 생각을 설명하고 있어 참고가 된다. 생물 정보에 적용되는 자연선택의 논리를 비생물 정보의 진화 과정에 적용하고 있는 점에서 '학문 선택'은 '문화 선택'의 한 부분이다. 이런 논의는 인류학자에 의해서 깊이 있게 논의되고 있다(Durham 1991).
37) 여기서 정보라 함은 지식(knowledge)과 같은 의미를 가진다. 김형국(1997, 165쪽)에 의하면 정보의 보(報)가 바로 지식이란 뜻이고, 거기에 정(情)이란 말을 덧붙인 것은, 차가운 머리의 지식을 전달하자면 따뜻한 마음의 정도 함께 담아야 한다는 뜻이라고 한다.
38) 때로 개체(individual)가 아니라 개체군(population) 수준에 작용하는 자연선택을 집단 선택이라 번역하는 경우가 있으나 그 경우는 '개체군 선택'이라는 용어가 더 어울릴 것이라 본다.
39) 2002년 8월 23일 찍음. 호수 사진은 일본 동경대학교 교수 하세가와 키요가 같은 날 찍음.
40) 깊은 호수의 경우, 여름에 표면은 빨리 데워지고 깊은 곳은 수온이 천천히 올라가면서 아래위로 특성이 다른 층으로 구분되는 현상을 말한다. 온도 차이에 의해서 밀도 등의 물리화학적 특성이 달라지면 쉽게 섞이지 않고, 그 결과 특이한 생태 현상을 일으킨다.
41) 강원대학교 김범철 교수 개인 제공.《동아일보》2002년 1월 21일자 기사 참조.
42) 1998년 5월 9일 찍음.
43) 미국 버지니아에서 1984년 5월에 찍음.

44) Pianka(1994).
45) Dawkins(1976). 원제 『*The Selfish Gene*』을 『이기적 유전자』라 옮기는 것은 넓은 의미에서 적절하며 저자 도킨스가 의도했던 바와 같이 독자를 끌 수 있는 도발성과 자극성이 있지만, 도킨스의 정의를 충분히 전달하지는 못하고 있다. 도킨스는 몇 세대를 거쳐서 계속될 수 있는 염색체의 작은 일부를 'selfish gene'으로 정의하고 있으니 여기에는 '고집스러운 유전자' 라는 뜻도 포함되어 있다. 아집 또는 고집이 자기 속성을 유지하기 위한 이기적인 내면에서 나왔다고 보면 도킨스의 단어 선택은 참으로 절묘하다.
46) 생물이 출현하기 전 단계의 진화는 노벨상 수상자인 아이겐(Manfred Eigen)이 가정했다(Capra 1996, 92쪽).
47) 다윈의 시대는 군소 기업들의 경쟁이 만연했던 사회였으며, 그 사회적 분위기가 자연선택의 논리 안에 경쟁을 전제로 하는 상황을 이끌었다는 글을 읽은 적이 있다. 마찬가지로 타협과 협동의 사회로 가는 성숙한 사회에 와 있는 오늘날 경쟁을 넘어 공생의 원리를 생태학에 적용하는 것은 자연선택과 문화 선택이 서로 영향을 주고 있는 다른 한 보기일 것이다.
48) 경북 영주시 부석사에서 2001년 10월 27일 찍음.
49) Allen & Hoekstra(1992, 29쪽).
50) Temple(1977).
51) 도도는 1681에 사라졌다는 기록이 있다(Temple 1977). 데이비드 쾀멘의 『도도의 노래』 1권(이창호 옮김 1998)에서는 도도가 1690년 무렵 사라졌다고 하고(324쪽), 1667년에 멸종된 것으로 기록하고 있으며(341쪽), 실제로 정확한 멸종 시기를 몰라 의견이 분분하다고 밝히고 있다(343쪽).
52) 'natural selection'은 과거에 '자연도태'로 번역되다가 지금은 '자연선택'으로 옮기는 것이 일반적이다. 그러나 문맥에 따라 선택(selection for) 또는 도태(selection against)로 옮기는 것이 바람직하다.
53) 원래 먹이사슬을 이루는 영양 단계의 마지막에 위치하는 육식 동물이 군집 형성에 미치는 강한 영향을 강조하기 위하여 중추종이라는 개념을 제안했다(Paine 1966, 1969). 그러나 영양 단계가 아닌 상호 작용을 통해서 서식처를 바꾸는 초식 동물과 피식자, 상리 공생자, 숙주 등의 생물도 중추종이 된다. 이를테면 브라질 마나우스(Manaus)의 숲 파편화(forest fragmentation)에 대한 '생물역동성 연구과제(Biological Dynamics of Forest Fragmented Project)'가 진행되고 있는 지역(지역과 연구에 대한 소개는 이도원 2001a 참조)에서는 말똥풍뎅이(dung beetle)가 동물 배설물과 시체의 빠른 분해로 영양소 재순환을 촉진하고 배설물에 사는 척추동물의 기생

충을 없앰으로써 척추동물의 병해를 감소시키는 중추종으로서 기능을 가지고 있다(Primack 1998). 때로 혼란을 막기 위해 거의 동일한 개념으로 혼자서 피식자의 분포와 수도, 조성, 크기, 다양성을 포함하는 대부분의 군집 구조 유형을 결정하는 포식자를 중추 포식자라 정의한다(Menge 등 1994). 이러한 강한 상호 작용은 한 중추종의 도태가 다른 생물의 선택 또는 도태에 영향을 주는 과정으로 작용한다는 사실을 인정하여 집단 선택의 여지를 말하고 있다.

54) 이 길에 대해서는 등산 전문 잡지 《사람과 산》 1998년 2월호에 등반기가 소개되어 있다.
55) 2002년 4월 28일 찍음.
56) 1998년 6월 24일, 1998년 2월 15일 찍음.
57) 선림원터는 그곳을 감싸고 있는 미천계곡과 함께 유홍준의 『나의 문화유산답사기』 1권(1993)에 잘 소개되어 있다. 자연을 그리던 친구의 추모까지 곁들여 놓아 진동계곡의 분위기와 연결되어 있는 느낌을 받는다.
58) 강원도 인제군 기린면 진동리에서 2003년 11월 23일, 2003년 4월 27일, 1996년 11월 16일, 1998년 7월 25일 찍음.
59) 2000년 9월 29일 인공위성 영상을 권영상이 처리하여 제공.
60) 강원도 인제군 기린면 강선리에서 2002년 10월 19일 찍음.
61) 점봉산에서 1997년 4월 20일과 1999년 4월 23일 찍음.
62) 이도원(1992).
63) 흔히 산맥이라는 말을 사용하지만 이는 고토 분지로(小藤文次郎)가 우리나라에서 전통적으로 사용하던 대간과 정간, 정맥이라는 용어를 대신에서 도입한 말이라 이참에 '산줄기'라는 단어로 바꾸는 방법도 고려해 보자(우실하 1998). 제4부의 '우리 땅 줄기' 참조.
64) 김형국(1997).

제2부
1) 경남 고성군 고성읍 덕선리에서 2002년 9월 22일 찍음.
2) Vannote 등(1980)은 하천 크기와 함께 상류와 하천 구간 자체, 그리고 주변에서 유입되는 굵거나 가는 유기 쇄설물(organic detritus)이 다르기 때문에 그에 따라 출현하는 물벌레의 수도(abundance)와 활동도 하천을 따라 어떤 규칙성을 가지고 변한다는 개념을 처음으로 발표했다(자세한 내용은 이도원 2001 참고). 지형 평형(geomorphic equilibrium)을 가정하는 이 가설은 부분적으로 실제로 일어나고 있는

지형 비평형 과정 때문에 현장 실험에서는 잘 설명되지 않는 경우가 많지만, 가설 검정과 정량화 과정에서 많은 다른 연구들을 유발함으로써 하천생태학의 발전에 매우 큰 공헌을 했다(Malanson 1993).

3) 김재훈과 유지원이 그림.

4) 각각 강원도 인제군 기린면 진동리와 전북 임실군 덕치면 장산리, 경남 하동군 악양면 평사리에서 2002년 9월 28일과 2000년 10월 14일, 2001년 3월 18일 찍음. 섬진강 상류 사진을 구하지 못하여 한강 상류 사진으로 대신했다.

5) 19세기 초, 128.6×102.7cm, 호암생활관 소장.

6) 전북 임실군 덕치면 장산리에서 2002년 5월 5일 아침에 찍음.

7) 전북 금산군 금산읍(2001년 3월 17일), 경기도 성남시 여수천(2001년 3월 15일), 서울시 신림동 도림천(1993년 11월 26일).

8) 충남 계화도에서 2001년 9월 12일 찍음.

9) 이도원 등(2001).

10) 2000년 겨울, 서울대학교 환경대학원은 숙원의 환경관을 마련하여 셋방살이를 벗어났고, 학교 당국의 지원으로 실험실도 많이 좋아졌다. 남의 학교에서 눈치를 보며 실험을 해야 했던 안창우는 오하이오 주립대학교에서 박사학위를 받고, 일리노이 대학교에서 연구원 생활을 거친 다음 2003년 가을부터 버지니아 주에 있는 조지메이슨 대학교의 환경과학 및 정책학과 조교수가 되었다.

11) 탈질 작용(denitrification)은 산소가 부족한 물이나 토양에서 질산염이나 아질산염이 미생물 활동으로 환원되어 질소산화물이나 질소 기체로 변형되는 과정이다.

12) 지구온난화와 그에 따라 일어나는 생태적인 반응은 최근의 논문에 잘 정리되어 있다(Walter 등 2002, Harvell 등 2002).

13) 1993년 9월 18일 찍음.

14) 한국법제연구원에서 환경법을 연구하는 전재경 박사는 제비와 박을 보지 못하는 지금의 어린 세대들이 자라면 머지않아 『흥부전』은 고전의 대열에서 밀려날 것이라 예견했다. 애석하지만 나는 그 말에 동의한다.

15) 유수지(遊水池, detention pond)는 비가 올 때 홍수를 줄이고, 물에 포함되어 있는 오염 물질을 제거하기 만드는 연못으로 일반적으로 3개의 구성 요소로 이루어진다. 그것은 항상 물이 고여 있는 웅덩이(permanent pool), 보통 때는 물이 없으나 유량이 넘칠 때 일시적으로 물을 채우는 웅덩이(temporary pool), 그리고 연못으로 흘러드는 토사량을 줄이기 위해 부유 물질을 저지하는 입구 부분(forebay)이다.

16) 경남 고성군 고성읍 덕선리와 강원도 홍천군 화촌면 군업2리에서 각각 2002년 9월 22일과 10월 19일 찍음.

17) 과거 울산 일대에서 가뭄이 심할 때에 주민들이 무우제(舞雩祭)라는 기우제를 지낸 곳이라는 의미로 무제치(舞祭峙)늪이라는 이름이 붙었다(울산대 최기룡 교수 정보 제공).

18) 이 습지의 전체 면적은 약 6,300평방킬로미터로 남한 면적의 2/3 정도이다. 1539년 스페인의 헤르난도 소토스(Hernando de Sotos)를 앞세운 수백 명의 정복대들이 이 늪지대 안의 원시림을 처음 찾게 되었으나 겨우 8명만 원시인들과 함께 1년이 넘는 생활을 하고 문명 세계로 생환했다(하연 1994, 22쪽). 미국 조지아 주 남쪽의 일부 지역과 플로리다 주 북부가 만나는 경계에 걸쳐 있는 오커퍼노키 습지에서 1987년 11월 찍음.

19) 가톨릭대학교 조도순 교수가 2002년 8월 중순에 촬영하여 제공. 우포늪 사진은 부산대학교 생물학과 김구연이 2002년 8월 17일 찍음. 우포늪에 대해서는 다음 홈페이지 참조. http://woopoi.com

20) 생태학적 원리를 자연 관리에 응용하는 생태공학 또는 생태기술은 자연에서 일어나고 있는 자원의 흐름 경로, 물질의 이동 형태, 이동 원리에 기반을 두고 있다. 이러한 접근 방법은 자연을 정복하기보다 자연과 조화하려는 접근이라는 점에서 기존의 공학과 여러 가지 면에서 대비된다(이도원 2001). 보다 자세한 내용은 '따로 보기 6'에서 소개한다.

21) Lee(1996).

22) 오하이오 주립대학교 현지에서 1996년 7월 31일 찍음.

23) 미국 오리건 주 유진에서 2002년 8월 12일 찍음.

24) 여기서 돌그물이란, 물은 빠져나가지만 물의 흐름이 약해지도록 물길을 가로질러 얼기설기 돌을 쌓아 놓은 것을 말한다.

25) 이상의 일부 내용은 1997년 1월 16일자 《한겨레신문》 시평에 실렸던 것을 고친 것이다. 제안된 곳에 습지를 만들 경우 나타날 효과에 대해서는 아직 충분히 검토되지 않았음을 밝혀 둔다.

26) Mitsch & J gensen(1989), Mitsch(1997).

27) 강요 기능(forcing function)이란 외부 변수라고도 하며, 계의 상태에 영향을 주는 외부의 기능 또는 변수를 말한다.

28) http://www.riceonline.com/environ.htm;
http://agronomy.ucdavis.edu/uccerice/DUCKS/waterfwl.htm

29) Rocky Mountain Institute의 Dr. Christina Page가 준 정보.

30) 경남 고성군 고성읍 덕선리에서 2002년 9월 22일 찍음.

31) 서울대학교 후문 진입로에서 1996년 5월 17일 찍음.

32) 이 책의 앞부분에서는 경관이라는 단어가 가지는 시각적인 의미만을 생각해도 좋았지만 여기서부터는 생태계가 여러 개 모인 공간 단위로 보아야 된다. 이 용어에 대해서는 제5부의 '경관생태학으로'에서 더욱 자세히 논의할 것이다.
33) Haycock 등(1993).
34) Lowrance 등(1995).
35) 물에 녹아서 이동하기 쉬운 형태의 영양소가 물리화학적 흡착이나 미생물에 흡수되어 물에 잘 녹지 않는 형태로 바뀌는 과정을 부동화 작용(不動化作用, immobilization)이라 한다.
36) 이와 관련하여 흔히 제초선 등을 사용하여 식물을 베어 냄으로써 질소와 인을 제거하는 방법을 사용하지만, 필자는 먹이사슬을 이용하는 방법을 나중에 제안할 것이다.
37) Mitsch & Grosselink(1993, 수정).
38) 이 글은 《환경과 조경》 100호(1996년 8월)에 '하천변 식생지대의 생태적 특성과 기능'이라는 제목으로 실었던 내용 일부를 발췌하여 수정한 것이다.
39) 강원도 강릉시 연곡면 오대산 진고개 부근에서 1997년 6월 16일 찍음.
40) 버지니아 공대는 'Virginia Polytechnic Institute and State University'라는 긴 이름을 가지고 있으며, 흔히 줄여서 'Virginia Tech'라 한다. 그 당시 환경과학 및 공학 프로그램(Environmental Science and Engineering)은 토목과 한 분과로 있었다. 학위를 받은 학과가 공과대학에 속해 있었기 때문에 우리나라 식으로 하면 나는 공학박사라고 해야 한다. 그러나 공부 방향이 과학에 치우쳐 있기 때문에 이력서에는 내 편리대로 이학박사라고 기입한다.
41) 김용옥(1994).
42) 각각 미국 버지니아 주에서 1984년 봄, 그리고 노스캐롤라이나 주에서 1992년 7월에 찍음.
43) Lee 등(1989), 이도원(1994).
44) 숲에서는 풍부한 토양 유기물 덕분에 토양으로 물이 스며들 뿐만 아니라 많은 양의 물이 살아 있는 잎과 낙엽 표면에 받혀서 땅 위로 흘러가는 물의 양이 크게 줄어든다.
45) Lee 등(1989).
46) Lee 등(1989)을 참고로 다시 그림.
47) Lee 등(1989)에서 발췌.
48) 여기서 5%는 잔디밭이 없었던 경우의 값 113.7밀리그램을 (22200+113.7밀리그램)으로 나누고 100을 곱해서 나온 것이다.

49) 준천사의 업무에 대한 내용은 손정목(1977)에서 참고할 수 있다.
50) 한영우(1999).
51) http://www.metro.seoul.kr/muse/gallery/hansung/20.html에서 「어전준천제명첩」과 설명을 볼 수 있다. 한영우 등(1999, 73쪽), 그리고 고동환(1996, 23쪽) 참조.
52) 18세기 말, 28.7cm×39.7cm, 서울대학교 규장각 소장.
53) 최순우(2002)는 「평안감사연유도」라는 이름을 붙이고 있으나 여기서는 서울대학교 박물관 전통미술연구실 진준현 학예관의 조언에 따라 「평안감사향연도」라 한다.
54) 최완수(1999).
55) 전영우(1999).
56) 박상진(2001).
57) 18세기 말, 71.2cm×196.9 cm, 국립중앙박물관 소장.
58) 국립중앙박물관 소장, 최완수(1999) 재인용.
59) 홍광표 등(2001, 26쪽) 재인용.
60) 울산대학교에 계신 분이 보내 주셨으나 불행하게도 메모를 하지 않아 찍은 분의 이름과 날짜를 밝히지 못한다.
61) 강선중(1984)을 참고로 다시 그림(이도원 2001).
62) Zero Emission Research Initiative(ZERI)의 Gunter Pauli 자료를 Rocky Mountain Institute의 Dr. Christina Page가 제공. http://www.zeri.org 참고.
63) 임업연구원(1995).
64) Landsberg & Gower(1997, 86쪽).
65) 경남 함양군 서하면 운곡리에서 2000년 10월 16일 찍음.
66) 경기도 용인군 모현면 용인공원에서 1994년 1월 16일 찍음.
67) 송동하(1999), Allan 등(2002).
68) Pess 등(2002).
69) Forman(1995, 348쪽)을 참고로 유지완과 유지원이 다시 그림.
70) 2002년 10월 26일 몇몇 학생들과 함께 경북 경주시 강동면 양동마을에 갈 기회가 있었다. 그 마을 곳곳에(이를테면 월성 손씨 종가인 관가정 앞) 고향 마을의 팽나무와 같아 보이는 나무가 있어 조심스럽게 익은 열매 맛을 보았는데 아직 단맛은 느낄 수 있었다.
71) 경남 고성군 고성읍 덕선리에서 1979년 2월 이전에 찍음.
72) 경남 고성군 고성읍 덕선리에서 2002년 9월 22일 찍음.
73) 일본은 신탄림(新炭林)과 농용림이라는 말을 사용했다. 그들의 전통적인 농촌 생활에서 숲은 섶과 땔감을 생산하던 곳이다. 수십 년에 한 번씩 벌채를 했고,

남겨진 그루터기에서 싹이 터서 자연 갱신이 이루어졌다. 농용림은 농가에서 퇴비를 만들기 위해 필요한 낙엽과 작은 나뭇가지, 그리고 떨기나무와 풀을 채취하는 데 이용되던 숲이다. 그들의 최근 책에서 두 단어는 같이 사용해도 무방하다고 밝히고 있다(武內和彦 등 2001, 廣木詔三 2002).

74) 국립중앙도서관 소장, 이찬(1991)에서 인용.

75) 김한배(1981).

76) 박재철(1999).

77) 전북 진안군 진안읍 탄곡마을에서 2002년 5월 4일 찍음.

78) 경산대학교 성동환 교수 제공.

79) 이 부분과 관련하여 경산대학교 성동환 교수는 다음과 같은 의견을 들려주었다. "'마을숲은 원래 공동체의 소유였다. 그런데 공동체가 와해되면서, 마을숲의 소유 관계가 공동체에서 사적인 것으로 바뀌게 되었다.'는 말을 장수고등학교 이상훈 선생으로부터 들은 적이 있습니다. 마을숲 소유 관계의 변천과 공동체의 와해, 또는 공동체의 와해와 함께 진행되는 마을숲 소유 관계의 변화와 이에 수반하는 마을숲의 기능 변화 같은 것도 연구의 주제가 될 수 있지 않을까 하는 생각을 해보았습니다. 저는 마을숲이 공동체의 산물이라 생각하기 때문에 공동체의 와해와 마을숲 기능의 변화는 밀접한 관련이 있다고 생각합니다. 물론 이런 제 생각은 결국 사회과학을 하는 사람들의 몫이겠지요."

80) 박재철(1998).

81) 중국 만주 지방의 농경지에서 가로수 가까운 곳은 그늘로 인해 작물의 생산량이 줄어들기 때문에 토지 할당에서 고려하고 있다(중국 심양 응용생태연구소 김영환 박사 설명).

82) 전북 진안군 정천면 원평리 하초마을 전경으로 2002년 5월 4일 찍음.

83) 경남 남해군 삼동면 물건리에서 경원대학교 최정권 교수 찍음.

84) 조권운(2002).

85) 성이성(1595~1664)은 남원 부사를 지낸 성안의(成安義)의 아들로서 진주, 상계 등 4개 고을의 군수, 부사를 역임하였고, 수차 암행어사로 등용되었던 청백리였다. 경북 봉화군 물야면 가평리 301번지에는 그가 지은 계서당(溪西堂)이 지금도 남아 있어 중요민속자료 171로 지정되어 있다(주남철 1999, 338쪽).

86) 전남 담양군 담양읍 남산리에서 2002년 5월 5일 찍음.

87) 전남 완도군 보길면 예송리에서 2002년 5월 6일 찍음.

88) 김학범과 장동수(1994).

89) 그림은 김학범과 장동수(1994)를 참고로 이윤선과 유지원이 다시 그리고, 사진

은 현지에서 2002년 9월 20일 찍음.

90) 김학범과 장동수(1994).

91) 이중환(2002).

92) 이탈리아의 물리학자 조반니 바티스타 벤투리(G.B. Venturi 1746~1822)가 부분적으로 단면적이 좁아진 도관이 유체의 흐름에 대해 미치는 효과를 발견해 도관의 중앙 부분을 가늘게 한 기구를 제작했다. 유체가 이 기구를 통해 흐를 때 도관의 가는 부분에서 유속은 증가하고 압력은 낮아진다. 유체의 흐름에 대해 부분적으로 단면적이 좁아진 도관이 미치는 이 효과를 발견자의 이름을 따서 벤투리 효과라 한다.

93) 혼농임업(agroforestry)에 대한 소개는 다음 홈페이지를 참조.
http://www.unl.edu/nac/agroforestry.html;
http://www.worldagroforestrycentre.org/content.asp?Category=What%20is%20agroforestry?&ID=35&Image=WhatIsAgroforestry.jpg

94) 김학범과 장동수(1994), 채성우(2002), 국립중앙도서관 소장의 평안북도 정주 고지도를 참고로 이윤선과 유지원이 그림.

95) Landsberg & Gower(1997) 참조.

96) 생물이 태어난 곳에서 모든 자원을 획득할 수 없어 경관 요소들이 서로 보완적으로 연결됨으로써 살아갈 수 있게 하는 특성을 기술하기 위해 'landscape complementation'이라는 용어가 제안되었다(Dunning 등 1992). 그러나 이웃한 경관 요소들이 생활사에 필요한 서식처를 제공하는 하나의 묶음으로서 온전성을 가져야 하는 특성을 의미하기 때문에 '경관 온전성(landscape integrity)'이라는 용어가 더 적절하다는 것이 필자의 생각이다. 우리나라, 중국, 일본에서는 경관이 허하거나 지나치게 강한 부분을 보완하거나 누그러뜨리기 위해 비보압승(裨補壓勝)을 이용하는데 이는 사람이 경관을 보완하는 의도를 가졌다는 점에서 '경관 보완'이라고 하면 좋겠다(최원석 2000). 용어에 대한 공론이 없었던 사정으로 여기서는 영어 용어의 제안자의 뜻에 따라 경관 보완이라는 용어를 그대로 사용한다.

97) 김학범과 장동수(1994), 임업연구원(1995).

98) Berkes(1993), Kimmerer(2002)에서 재인용.

99) Berkes 등(1998, 2000).

100) 일본 다카야마〔高山〕에서 1997년 5월 16일 찍음.

제3부

1) 어떤 식물은 다른 식물들의 생장을 억제하는 물질을 분비하여 주변에 근접하지

못하게 하는 현상을 보이는데 이를 타감 작용(allelopathy)이라 한다.
2) Guo & Gifford(2002).
3) 미국 버지니아 주 블랙스버그 버지니아 공대 캠퍼스에서 1983년 12월 찍음.
4) 강원도 홍천군 서석면 내사동 행치령에서 2002년 12월 29일 찍음.
5) 이 비유는 제2권의 '생태계의 발달'에서 다루는 내용과 관계가 있다. 천이라고 일컬어지는 자연생태계의 발달에서 긴 세월 동안 외부적인 교란이 없다면 소나무 숲은 참나무 숲으로 바뀌는 경향이 있다.
6) 바늘잎나무와 넓은잎나무에 대해서는 과거에 각각 침엽수(針葉樹)와 활엽수(闊葉樹)라는 말을 사용했지만 이제 우리말을 사용하는 경향이 커지고 있다.
7) Senn & Hemond(2002).
8) 비슷한 일은 다른 곳에서도 있다. 열대 우림을 베어 내고 대규모 목장 건설로 브라질에서 홍수 피해를 자주 겪게 되는 일을 공무원들이 알게 되었지만, 목장은 가진 자의 재산이고, 그들은 대정부 로비에 익숙한 사람들이기 때문에 쉽게 원인을 치유할 수 없다(전경수 2002).
9) 현진오는 서울문리대산악회 후배로서 지금은 동북아식물연구소 소장으로 우리 고유 식물을 연구하고 보호하는 일에 앞장서고 있다.
10) 서울시 관악구 봉천동 관악산에서 찍음.
11) 충북 보은군 속리산 법주사로부터 문장대 가는 길에서 2002년 12월 15일 찍음.
12) 2002년 10월 박지혜가 찍음.
13) 제2권의 5부 '선조들의 지혜'에서 제시한 표 참조.
14) Kang 등(2002).
15) Woodwell & Whittaker(1968). 순 일차 생산량은 단위 면적(이를테면 1평방미터)에서 일정 기간(보통 1년)에 일차 생산자에 의해서 광합성된 유기물량에서 그 자신이 호흡으로 사용한 양을 제외한 부분(이는 말린 무게 또는 에너지 양으로 표시한다)으로, 이에 대해서는 나중에 다시 설명한다.
16) 점봉산 연구지에서 2002년 10월 19일 찍음.
17) 점봉산에서 1997년 4월 19일 찍음.
18) 관중은 면마과(고사리과)의 일종이다. 이 식물을 가톨릭대학교 생물학과 조도순 교수는 '나도히초미'로 명명했지만, 이창복(1979) 도감에 의하면 나도히초미는 남쪽 섬에 자라는 상록성 고사리로 되어 있다. 불행하게도 이 식물의 학명은 필자가 아직 확인하지 못했다.
19) 점봉산에서 1995년 10월 14일, 1997년 5월 31일 찍음.
20) 대만 福山에서 1995년 4월 8일 찍음.

21) 서울시 북한산 인수봉 암벽 등반가들이 설교길이라 부르는 곳에서 1993년 4월 25일 찍음.
22) 토양학에서는 흙에 있는 틈을 공극(孔隙, pore)이라 한다. 흙마다 약간의 차이는 있으나 보통의 흙에는 고체와 빈틈이 반반 정도 있다. 그 틈은 물과 공기로 채워져 있다.
23) 서울대학교 15동 건물 주변에서 1994년 11월 19일 찍음. 이 어우러짐은 법대 100주년 기념관 신축 공사로 사라졌지만 비슷한 풍경은 우리 주변에 많이 있다.
24) 서울 남산에서 1999년 봄에 찍음.
25) Kang 등(2002).
26) 가을 사진은 2002년 11월 23일, 그리고 봄 사진은 1997년 3월 8일 찍음.
27) 매과이어 박사는 나중에 오리건 주립대학교로 자리를 옮기고, 이 글을 처음 다듬고 있을 무렵 또 한 번 도움을 주었다. 1998년 3월 말부터 5월 말까지 필자가 오리건 주립대학교 산림대학을 방문하여 원격 탐사와 숲생태계에 대한 강의를 듣고 미국의 장기 생태 연구지 중의 하나인 Andrews Experimental Forest의 공동 연구를 이해할 수 있는 기회를 마련해 주었다. 이때 숲생태계 강의를 해주셨던 리처드 웨어링(Richard Waring) 교수는 나중에 우리 연구실의 강신규 박사 연구에 깊은 호의를 가지고 국제 학술지에 발표할 수 있도록 다듬어 주었다.
28) Kang 등(2000, 2002).
29) 강원도 인제군 기린면 방동리에서 1993년 5월 22일 찍음.
30) 점봉산에서 1998년 3월 14일 찍음.
31) 각각 경기도 광주군 무갑리 무갑산에서 1994년 1월 27일, 강원도 인제군 기린면 진동리 점봉산에서 1997년 4월 19일 찍음.
32) 점봉산에서 1995년 3월 18일, 2002년 10월 19일, 2002년 11월 23일, 2001년 7월 11일 찍음.
33) 점봉산에서 1994년 4월 10일 찍음.
34) 토양학에서는 입단(粒團, aggregate)이라는 어려운 말을 사용한다. 아마도 일본 말을 그대로 차용하는 듯하다. 최근에 '떼알'이라는 우리말을 사용하기도 하지만 뜻이 쉽게 전달되지 않는다. 이 글에서는 조금 길어도 '흙 알갱이 묶음'이라는 말을 써 본다.
35) Klironomos(2002).
36) Pianka(1994), 77쪽.
37) biomass를 '생체량'으로 옮기는 경우도 있지만 때로 죽은 유기물도 포함하는 단어이기 때문에 '생물량'이 더 적절하다.

참고문헌

강선중(1984), 「한국 전통 마을의 공간 구성 방법에 대한 연구」, 명지대학교 건축공학과 석사학위 논문.
고동환(1996), 「조선 인구가 1천만을 넘어선 시기는」, 한국역사연구회 편, 『조선시대 사람들은 어떻게 살았을까 1』, 청년사.
권지예(2002), 『뱀장어 스튜』, 문학사상사.
김상욱(1998), 『다시쓰는 문학에세이』, 우리교육, 23쪽.
김용옥 편(1994), 『삼국통일과 한국통일 上』, 한국사상사연구소.
김용택(1998), 『강 같은 세월』, 창작과비평사.
_____(2002), 『나무』, 창작과비평사.
김윤성(1999), 『바다와 나무와 돌』, 월간에세이.
김종갑(1995), 「문학과 과학 그리고 이데올로기」, ≪과학사상≫, 13:58~85쪽.
김지하(1994), 『중심의 괴로움』, 솔출판사.
김학범, 장동수(1994), 『마을숲』, 열화당.
김한배(1981), 「문화경관적 상징성의 체계로 본 한국 전통 마을의 경관 구조」, 서울대학교 환경대학원 석사학위 논문.
김형국(1997), 『한국공간구조론』, 서울대학교출판부.
나카하라 히데오미, 『이기적인 유전자란 무엇인가』, 한명수 옮김(1991), 전파과학사.
데이비드 쾀멘, 『도도의 노래』 1권, 이충호 옮김(1998), 푸른숲.
도종환(2002), 『슬픔의 뿌리』, 실천문학사.
박상진(2001), 『궁궐의 우리나무』, 눌와.
박완서(1993), 「내가 잃은 동산」, 최종호 편, 『산과 한국인의 삶』, 나남출판, 556~565쪽.
박재철(1998), 「전북 농어촌 지역 마을숲과 해안숲의 비교 고찰」, ≪한국조경학회

　　　　　지≫, 26:133~142쪽.

_____(1999),「진안지역 마을 숲에 관한 연구」,≪한국농촌계획지≫, 5:56~65쪽.

손정목(1977),「조선시대 도시사회 연구」, 일지사.

송동하(1999),「일일 오염 부하량 예측을 위한 분포형 유역 모형 개발」, 서울대학교 환경대학원 박사학위 논문.

앨 고어(1994),『위기의 지구』, 이창주 옮김, 삶과꿈.

우실하(1998),『전통 문화의 구성 원리』, 소나무.

유진 오덤,『생태학』, 이도원, 박은진, 김은숙, 장현정 옮김(2001), 사이언스북스.

유홍준(1993),『나의 문화유산답사기 1』, 창작과비평사.

윤중호(1998),『청산을 부른다』, 실천문화사.

이도원(1982),「우리나라 범람원의 토지이용적합성분석을 위한 식생조사 분석방법에 관한 연구——경기도 광주군의 노곡천을 사례로」, 서울대학교 환경대학원 석사학위 논문, 121쪽.

_____(1992),「바이오 스피어 II」,≪과학동아≫(1992. 3), 22~27쪽.

_____(1992),「생태계에서 영양소 순환과 식생 지대의 역할」,≪코스모스피어≫(1992. 12), 43~49쪽.

_____(1994a),「환경생태학」, 환경과공해연구회 편,『환경학교』, 따님, 35~66쪽.

_____(1994b),「골프장 유지 관리와 생태: 환경 문제와 생물다양성에 대하여」, 한국잔디학회/한국생태학회,『골프장의 건설 관리와 환경오염』, 19~31쪽.

_____(1994c),「옐로스톤 학습원 하기 일반 강좌 참여기」,≪한국생태학연구회 소식지≫, 5:8~37쪽.

_____(2001a),『경관생태학: 환경 계획과 설계, 관리를 위한 공간생리』, 서울대학교출판부.

_____(2001b),「토지 변형과 경관생태학」, 한국경관생태연구회 편저,『경관생태학』, 동화기술교역, 97~118쪽.

이도원, 송동하, 임경수, 박은진, 강호정(1999),「식생을 이용한 수질 관리: 생태구, 경관, 유역 규모에서 생태학적 접근」,≪한국수자원학회≫, 32(5):134~147쪽.

이중환,『택리지』, 이익성 옮김(2002), 을유문화사.

이찬(1991),『한국의 고지도』, 범우사.

이창복(1979),『대한식물도감』, 향문사.

임업연구원(1995),『한국의 전통 생활환경보전림』, 산림청 임업연구원.

전경수(2002), 『똥도 자원이라니까』, 지식마당.

전영우(1999), 『숲과 한국 문화』, 수문출판사.

조권운(2002), 「조상들이 지혜와 느림의 철학을 배운 숲 탐방」, ≪숲과 문화≫, 11(3):49~51쪽.

조지 바살라, 『기술의 진화』, 김동광 옮김(1996), 까치.

주남철(1999), 『한국의 전통민가』, 아르케.

채성우, 『明山論(명산론)』, 김두규 옮김(2002), 비봉출판사.

최순우(2002), 『무량수전 배흘림기둥에 기대서서』, 학고재.

최영준(1997), 『국토와 민족생활사』, 한길사.

최완수(1999), 『겸재를 따라가는 금강산 여행』, 대원사.

최원석(2000), 「영남지방의 비보」, 고려대학교 박사학위 논문.

펠릭스 파투리, 『숲』, 하연 옮김(1994), 두솔기획.

프랑수아 자콥, 『생명의 논리, 유전의 역사』, 이정우 옮김(1994), 민음사.

한영우(1999), 「한국인의 전통적 지리관」, 김형국 편, 『땅과 한국인의 삶』, 나남출판, 19~28쪽.

한영우, 안휘준, 배우성(1999), 『우리 옛 지도와 그 아름다움』, 효형출판.

허균, 이갑철(2002), 『한국의 정원: 선비가 거닐던 세계』, 다른세상.

홍광표, 이상윤, 정운익(2001), 『한국의 전통수경관』, 태림문화사.

저자 미상(1998), 『漢語大詞典』, 光盤 1.0版, 上海: 漢語大詞典出版社; 香港: 商務印書館.

武內和彦, 鷲谷いづみ, 恒川篤史(2001), 『里山の環境學』, 東京大學出版會, 東京.

廣木詔三(2002), 『里山の生態學』, 名古屋大學出版會, 名古屋.

Allan, J.D., A.J. Brenner, J. Erazo, L. Fernandez, A.S. Flecker, D.L. Karwan, S. Segini, and D.C. Taphorn(2002) "Land use in watersheds of the Venezuelan Andes: a comparative analysis," *Conservation Biology*, 16:527~538.

Allen, T.F.H., & T.W. Hoekstra(1992), *Toward a unified ecology*, Columbia University Press, New York, NY., p.384.

Berkes, F.(1993), Traditional ecological knowledge in perspective, in T.J. Inglis(ed.), *Traditional Ecological knowledge: Concepts and Cases*, Canadian Museum of Nature and International Development,

Ottawa, pp.1~9.

Berkes, F., C. Folke, and J. Colding(eds.)(1998), *Linking Social and Ecological Systems: Management Practices and Social Mechanisms for Building Resilience*, Cambridge University Press, Cambridge, UK.

Berkes, F., J. Colding, and C. Folke(2000), "Rediscovery of traditional ecological knowledge as adaptive management", *Ecological Applications*, 10:1251~1262.

Brix, H.(1993), "Wastewater treatment in constructed wetlands: system design, removal processes, and treatment performance", In: Moshiri, G.A.(ed.), *Constructed Wetlands for Water Quality Improvement*, Lewis Publishers, Boca Raton, FL., pp.9~22.

Capra, F.(1996), *The Web of Life*, Anchor Books Doubleday, New York, NY.

Corner, J.(1997), "Ecology and landscape as agents of creativity", In: G.F. Thompson and F.R. Steiner(eds.), *EcologicalDesign and Planning*, John Wiley and Sons, New York, NY., pp.81~108.

Dawkins, R.(1976), *The Selfish Gene*, Oxford University Press, New York, NY., p.224.

Dunning, J.B., B.J. Danielson & H.R. Pulliam(1992), "Ecological processes that affect populations in complex landscapes", *Oikos*, 65:169~175.

Durham, W.H.(1991), *Coevolution*, Stanford University Press, Stanford, CA. p.629.

Eldredge, N.(1995), *Dominion*, Henry Holt and Company, New York, NY., p.190.

Forman, R.T.T.(1995), *Land Mosaics: The Ecology of Landscapes and Regions*, Cambidge University Press, New York, NY., p.632.

Guo, L.B. and R.M. Gifford(2002), "Soil carbon stocks and land use change: a meta analysis", *Global Change Biology*, 8:345~360.

Harvell, C.D., C.E. Mitchell, J.R. Ward, S. Altizer, A.P. Dobson, R.S. Ostfeld, and M.D. Samuel(2002), "Climate warming and disease risks for terrestrial and marine biota", *Science*, 296:2158~2162.

Haycock, N.E., and G. Pinay(1993), "Groundwater nitrate dynamics in grass and popular vegetated riparian buffer strips during the winter", *J. Environ. Qaul.*, 22:273~278.

Jorgensen, S.E. (1992), *Integration of Ecosystem Theories: A Pattern*, Kluwer Academic Publishers, Netherlands.

Kang, S., S. Kim, and D. Lee(2002a), "Spatial and temporal patterns of solar radiation based on topography and air temperature", *Canadian Journal of Forest Research*, 32:387~397.

Kang, S., D. Lee, and S.W. Running(2002b), "Prospectiveness of modeling and MODIS data to predict effects of climatic variability on long-term carbon sequestration in a mixed hardwood forest", A paper presented at the symposium, Perspectives of long-term ecological research and analysis of MODIS imagery for restoration of degraded ecosystems in Northeast Asia, Korea Forest Research Institute, Seoul, Korea, June 24, 2002, pp.30~41.

Kang, S., S. Kim, S. Oh, and D. Lee(2000), "Predicting Spatial and temporal patterns of soil temperature based on topography, surface cover and air temperature", *Forest Ecology and Management*, 136:173~184.

Kimmerer, R.W.(2002), "Weaving traditional ecological knowledge into biological education: a call to action", *BioScience*, 52:432~438.

Klironomos, J.N.(2002), "Feedback with soil biota contributes to plant rarity and invasiveness in communities", *Nature* 417:67~70.

Landsberg, J.J., and S.T. Gower(1997), *Applications of Physiological Ecology to Forest Management*, Academic Press, San Diego, CA.

Lavelle, P., and B. Pashanasi(1989), Soil macrofauna and land management in Peruvian Amazonia, *Pedbiologia*, 33:283~291.

Lee, D.(1996), "Perspectives of ecological engineering to enhance nutrient removal in wetlands", *J. Environ. Stud.*, 34:101~114.

Lee, D., T.A. Dillaha and J.H. Sherrard (1989), "Modeling phosphorus transport in grass buffer strips", *Journal of Environmental Engineering*, 115:409~427.

Lowrance et al.(1995), "Water Quality Functions of Riparian Forest Buffer Systems in the Chesapeake Bay Watershed", Report No. EPA 903-R-95-004. U.S. Environmental Protection Agency, Washington, D.C.

Lowrance, R., G. Vellids, and R.K. Hubbard(1995), "Denitrification in a restored riparian forest wetland", *J. Environ. Qual.*, 24:808~815.

Malanson, G.P.(1993), *Riparian Landscapes*, Cambridge University Press, New York, NY.

Menge, B.A., E.C. Berlow, C.A. Blanchette, S.A. Navarrete, and S.B. Yamada (1994), "The keystone species concept: Variation in interaction strength in a rocky intertidal habitat", *Ecological Monographs*, 64:249~286.

Mitsch, W.J. and J.G. Grosslink(1993), *Wetlands*, 2nd ed., Van Nostand Rienhold, New York, NY.

Mitsch, W.J. and S.E. J gensen(eds.)(1989), *Ecological Engineering: An Introduction to Ecotechnology*, John Wiley & Sons, New York.

Mitsch, W.J.(1997), "Ecological engineering: the roots and rationale of a new ecological paradigm", In: C. Etnier and B. Guterstam(eds.), *Ecological Engineering for Wastewater Treatment*, 2nd ed., Lewis Publishers, Boca Raton, FL., pp.1~20.

Odum, E.P.(1971), *Fundamentals of Ecology*, W.B. Saunders Company, Philadelphia, PA.

Paine, R.T.(1966), Food web complexity and species diversity, *American Naturalist*, 100:65~75.

_____(1969), A note on trophic complexity and community stability, *American Naturalist*, 103:91~93.

Pess, G.R., D.R. Montgomery, E.A. Steel, R.E. Bilby, B.E. Feist, and H.M. Greenberg (2002), "Landscape charactersitics, land use, and coho salmon (Oncorhynchus kisutch) abundance, Snohomish River, Wash., U.S.A.", *Can. J. Fish. Aquat. Sci.*, 59:613~623.

Pianka, E.R.(1994), *Evolutionary Ecology*, 5th ed. HarperCollins College Publishers, New York, NY., p.486.

Primack, R.B.(1998), *Essentials of Conservation Biology*, 2nd ed., Sinauer Associates, Publishers, Sunderland, MA.

Senn, D.B., and H.F. Hemond(2002), "Nitrate controls on iron and arsenic in an urban lake", *Science*, 296:2373~2376.

Temple, S.A.(1977), "Plant-animal mutualism: coevolution with dodo leads to near extinction of plant", *Science*, 197:885~886.

Vannote, R.L., G.W. Minshall, K.W. Cummins, J.R. Sedell, and C.E. Cushing(1980), "The river continuum concept", *Can. J. Fish. Aquat. Sci.*, 37:130~137.

Walter, G.-R., E. Post, P. Convey, A. Menzel, C. Parmesan, T.J.C. Beebee, J.-M. Frmendin, O. Hoegh-Guldber, and F. Bairlein(2002), "Ecological responses to recent climate change", *Nature*, 416:389~395

Whittaker, R.H.(1975), *Communities and Ecosystems*, 2nd edn, Macmillan, New York.

Woodwell, G.M., and R.H. Whittaker(1968), "Primary production in terrestrial ecosystems", *Am. Zool.*, 8:19~30.

Yoo, G., E.-J. Park, S.-H. Kim, H.-J. Lee, and D. Lee(2001), "Transport and decomposition of leaf litter as affected by aspect and understory in a temperate hardwood forest", *Korean Journal of Biological Sciences*, 5:319~325.

찾아보기

ㄱ

강터 82, 84, 86~87
개체 선택 58
갯벌 85~86, 94~95
결합력 57
경관 지표 34
경관생태학 65, 159
고사목 193
곰배령 63
공간생태학 159
공급처 109
공생 관계 57, 59, 201
공진화 55, 60
관중 174~178
광역생태학 159
광합성 29, 50, 67, 69, 70
구성포 42~43
군우물 91~92
군집생물학 174
기계 에너지 148

ㄴ

낙엽 163~166, 168, 171~173, 175~180, 182~189, 191
날개돋이 110
남조류 50

ㄷ

다윈 55
대숲 126~128, 135
덤붕 92~93, 119
도도 59~60
도킨스, 리처드 55
도태 60
돌그물 100
돌망태 35~37
땅웃 52~54

ㄹ

레오폴드, 루너 78
레오폴드, 알도 78

ㅁ

마을숲 127, 129, 133, 135, 137~139, 141~147
먹이그물 196
먹이사슬 110
목책 100
무논 102
무덤 38, 125~127
무제치늪 95
물질 순환 149
민물 습지 94

ㅂ

방음림 115
백두대간 43, 62~66
범람원 35~36, 106
벤투리 효과 143
부식토 180, 182, 189
부영양화 50, 88, 110, 119~120, 194
분사 신댁 55
비료 36
비점오염원 128

ㅅ

산성비 166
상리 공생 55
새마을 운동 34
새만금 99
생물다양성 60~61
생물량 200~201
생물종 101
생산자 36
생태 22, 24~26
생태공학 96, 101
생태기술 101
생태학 26
생태학 연구소, 조지아 대학교 22, 94, 195
서식지 구멍내기 65
서열 34
성층화 51
세계화 71~72
소금배 42~43
소멸처 109
소비자 36
수구 143
수로의 직강화 37
수문 곡선 117
수변 생태계 106~107, 128

수원지 76~79
수중 생태계 199~200
순 일차 생산량 173, 201
숲띠 137
식생 완충대 112~113, 115~116, 120~122, 124~126, 128, 133, 137
식생 지표 34
「신묘년풍악도첩」 122

ㅇ

양수 발전소 65
어부림 140
「어전준천제명첩」 121
에너지 이용 효율 29
연못 145
연속성 77
영양소 보유 효율 29
오커퍼노키 습지 94
올랭탄지 습지 96
용늪 95
용존 인산염 118
우포늪 95
「월야선유도」 122
위치 에너지 148
유기 쇄설물 110
유기 쇄설물 댐 191
유수지 145
유역 77~79, 143
유전공학 101
유전자 선택 55, 58
육상 생태계 88, 199~201
육수생태학 95
윤작 128
『이기적 유전자』 55
이중환 143
인공 습지 96~97, 102
일차 생산량 85

입자상 인산염 118

ㅈ

자기 조직화 101
자연 습지 85~86
자연선택 46, 55, 57~59, 61, 70
저질(低質) 37
적조 현상 202
전환 지역 79
점봉산 62~66, 175, 183, 185~186, 188
정보 농도 47
정보 밀도 47
조류 50, 119
조릿대 171~173
종속 영양 생물 85
「준천시사열무도」 121
중추종 60
증산 작용 143
지구 온난화 88
지구생태학 159
지표 유출수 115, 117~119, 126, 182
진화 55~56
질산염 157
질소 고정 128
집단 선택 48, 55, 58~59, 61

ㅊ

채석장 44~45
청색증 157
체계생태학 94
침식 36~37, 39~41, 49, 54, 108, 118, 121, 128
침적토 51

ㅋ

콘크리트 수로 102~103

ㅌ

타감 작용 154, 156
탄소 고정 126
탈질 작용 88, 107~108
『택리지』 143
토사 40, 43
토양 미생물 196
토지 윤리 78
퇴적 108
퇴적 41

ㅍ

「평안감사향연도」 121
표토 40
표현형 55
풍식 54
플랑크톤 199~200

ㅎ

하구 76~77, 80
하천 77~80, 128
하천생태학 77
학문 선택 46
「한양도성도」
해안숲 139, 145
해양 미생물 196
혼농림 143
화석 연료 53
화학공학 101
환경심리학 138

이도원

서울대학교 식물학과를 졸업하고 동대학 환경대학원에서 환경조경학 석사를 받았다. 미국 버지니아 공과대학에서 환경학 박사학위를 받았으며, 조지아대학교 생태학연구소 연구원과 한국외국어대학교 조교수를 거쳐 현재 서울대학교 환경대학원의 교수로 있다. 식생완충대 연구로 미국 토목공학회의 《환경공학논문집(Journal of Environmental Engineering)》에서 1990년도 수문학 분야 최우수 논문상을 받았다. 현재 점봉산과 광릉 숲의 탄소 순환에 대한 연구와 전통생태를 경관생태학과 접목하는 시도를 하고 있다. 저서로는 『경관생태학』과 『한국 옛 경관 속의 생태지혜』 등이 있다.

 자연과 인간 3

흐르는 강물 따라

서울대 이도원 교수의 생태 에세이 ••• 상

1판 1쇄 찍음 | 2004년 4월 6일
1판 1쇄 펴냄 | 2004년 4월 10일

지은이 | 이도원
펴낸이 | 박상준
펴낸곳 | (주)사이언스북스

출판등록 1997. 3. 24. (제16-1444호)
135-887 서울시 강남구 신사동 506 강남출판문화센터 5층
대표전화 515-2000 | 팩시밀리 515-2007
편집부 517-4263 | 팩시밀리 514-3249
www.sciencebooks.co.kr

값 20,000원

ⓒ 이도원, 2004. Printed in Seoul, Korea.

ISBN 89-8371-528-6   04470
ISBN 89-8371-525-1   (세트)